U0311577

完全适合自学和教学辅导

职场求生

中文版

SketchUp 8

建筑效果设计从入门到精通

贯通 软件操作
高手 活学活用
全能 职场选手

云杰漫步多媒体科技 编著

专门为零基础渴望自学成才在职场出人头地的你设计的书

机械工业出版社
CHINA MACHINE PRESS

针对 SketchUp 8 建筑效果设计特点，本书按照由简单到复杂的过程进行了周密的编排。全书共分为 3 篇 13 章，第 1 篇为建筑效果设计入门篇，内容主要包括设计入门、绘制基本图形、标注尺寸和文字等讲解；第 2 篇为设计工具应用篇，内容主要包括组与组件、页面设计、动画设计、剖切平面、沙盒工具等设计工具的应用讲解；第 3 篇为综合实战篇，通过 3 个综合设计范例对 SketchUp 8 建筑效果设计的实际应用进行讲解。

本书还精选了专业论坛的问题解答和建筑效果设计专业知识，使读者在掌握设计技巧的同时还可以比对了解专业论坛圈子内的共同话题；另外，本书还配备了交互式多媒体教学光盘，详细讲解了案例制作过程，便于读者学习使用。

本书主要针对使用 SketchUp 进行建筑效果设计和绘图的广大初、中级用户，是广大读者快速掌握 SketchUp 建筑效果设计的自学指导书。

图书在版编目（CIP）数据

SketchUp 8 建筑效果设计从入门到精通 / 云杰漫步多媒体科技编著 . -- 北京：机械工业出版社，2014.1
（职场求生）
ISBN 978-7-111-45211-9

Ⅰ . ① S… Ⅱ . ①云… Ⅲ . ①建筑设计－计算机辅助设计－应用软件 Ⅳ . ① TU201.4

中国版本图书馆 CIP 数据核字 (2013) 第 304453 号

机械工业出版社（北京市百万庄大街 22 号 邮政编码 100037）
策划编辑：刘志刚　　　责任编辑：刘志刚 吴晋瑜
封面设计：张　静　　　责任印制：乔　宇
北京汇林印务有限公司印刷
2014 年 5 月第 1 版第 1 次印刷
184mm×260mm · 21.5 印张 · 543 千字
标准书号：ISBN 978-7-111-45211-9
　　　　　　ISBN 978-7-89405-355-8(光盘)
定价：69.50 元（含 DVD）

前　言

SketchUp 是一款极受欢迎并且易于使用的 3D 设计软件，官方网站将它比喻为电子设计中的"铅笔"。SketchUp 是一款面向设计师、注重设计创作过程的软件，其操作简便、即时显现等优点使它灵性十足，给设计师提供一个在灵感和现实间自由转换的空间，让设计师在设计过程中充分享受方案创作的乐趣。SketchUp 的种种优点使其在面世之后很快便风靡全球，全球很多 AEC（建筑工程）企业和大学都采用 SketchUp 来进行创作。国内相关行业近年来也开始使用此款软件，受益者不仅包括建筑和规划设计人员，还包含装潢设计师、户型设计师、机械产品设计师等。

SketchUp 的最新版本是 SketchUp 8。为了使读者能够在最短时间内掌握 SketchUp 8 建筑效果设计的诀窍，编者根据多年使用 SketchUp 8 进行建筑模型草图设计的经验，编写了本书。本书针对 SketchUp 8 建筑模型草图设计的特点，对书的内容由简单造型到复杂造型的过程进行了周密的编排。全书共分为 3 篇 13 章，第 1 篇为建筑效果设计入门篇，主要包括设计入门、绘制基本图形、标注尺寸和文字等讲解；第 2 篇为设计工具应用篇，主要包括组与组件、页面设计、动画设计、剖切平面、沙盒工具等的设计工具应用讲解；第 3 篇为综合实战篇，通过 3 个综合设计范例对 SketchUp 8 建筑效果设计的实际应用进行讲解。通过这些介绍，本书对建筑效果设计的功能和技巧进行了全面和深入的讲解，使读者能够掌握实际的建筑效果设计技能，真正具备在建筑效果设计行业求生的本领。

本书突破了以往 SketchUp 书籍的写作模式，主要针对使用 SketchUp 的广大初、中级用户，同时本书中还精选了专业论坛的问题解答和建筑效果设计的专业知识，使读者不仅能掌握设计技巧，还可以进入专业的论坛圈子学习。本书还配备了交互式多媒体教学光盘，将案例制作过程制作为多媒体进行讲解，讲解形式活泼，方便实用，便于读者学习使用。光盘中还提供了所有实例的源文件，按章节放置，以便读者练习使用。

另外，本书还提供了网络的免费技术支持，欢迎大家登录云杰漫步多媒体科技的网上技术论坛进行交流：http://www.yunjiework.com/bbs。论坛分为多个专业的设计板块，其中有 CAX 设计教研室最新书籍的出版和培训信息；还可以为读者提供实时的软件技术支持，解答读者在使用本书及相关软件时遇到的问题；同时论坛提供了丰富的资料以供下载，读者可以在这里查找自己需要的信息资源。

本书由云杰漫步多媒体科技公司策划编著，参加编写工作的有张云杰、尚蕾、刁晓永、张云静、郝利剑、周益斌、杨婷、马永健、贺安、董闯、宋志刚、李海霞、贺秀亭、彭勇、姜兆瑞等。书中的设计范例、多媒体和光盘均由北京云杰漫步多媒体科技公司设计制作，同时感谢机械工业出版社的编辑和老师们的大力协助。

由于本书编写时间紧张，编写人员的水平有限，书中难免有不足之处，望广大读者不吝赐教。

编　者

建筑效果设计知识结构图

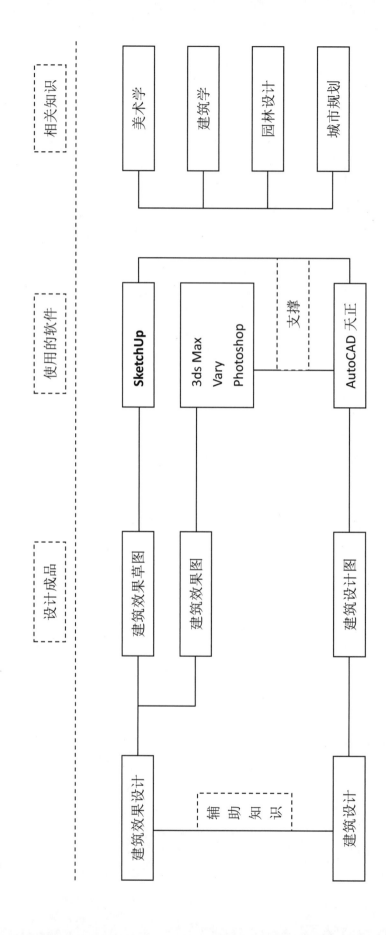

目　录

第1篇

建筑效果设计入门篇

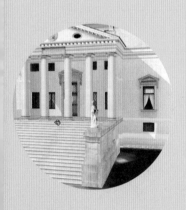

第 1 章
建筑效果设计职业基础和设计软件入门

本章导读

SketchUp 是一款极受欢迎并且易于使用的 3D 设计软件,官方网站将它比喻为电子设计中的"铅笔"。Google SketchUp 能够让使用者自由地创建 3D 模型,同时还可以将自己的制作成果发布到 Google Earth 上与他人分享,或者是提交到 Google's 3D Warehouse。当然使用者也可以从 Google's 3D Warehouse 下载自己想要的素材,以此作为创作的基础。

知识点	学习目标	了解	理解	应用	实践
学习要求	了解建筑效果设计职业规划	√	√		
	了解建筑效果设计理论基础	√	√		
	了解建筑效果设计基础知识	√	√		
	了解建筑效果设计软件介绍	√	√	√	√

1.1 建筑效果设计职业规划

知识链接: 城市规划设计

SketchUp 在规划行业以其直观便捷的优点深受规划师的喜爱,不管是宏观的城市空间形态,还是较小、较详细的规划设计,SketchUp 辅助建模及分析功能都大大解放了设计师的思维,提高了规划编制的科学性与合理性。目前,SketchUp 被广泛应用于控制性详细规划、城市设计、修建性详细设计以及概念性规划等不同规划类型项目中,图 1-1 所示为结合 SketchUp 构建的城市空间规划场景。

图 1-1 城市空间规划场景

知识链接： 建筑方案设计

SketchUp 在建筑方案设计中应用较为广泛，从前期现状场地的构建，到建筑大概形体的确定，再到建筑造型及立面设计，SketchUp 都以其直观快捷的优点逐渐取代其他三维建模软件，成为建筑师们在方案设计阶段的首选软件。

知识链接： 园林景观设计

由于 SketchUp 操作便捷，在构建地形高差等方面可以生成直观的效果，拥有丰富的景观素材库和强大的材质贴图功能，并且 SketchUp 图纸的风格非常适合景观设计表现，因此当今应用 SketchUp 进行景观设计已经非常普遍，图 1-2 所示为结合 SketchUp 创建的简单的园林景观模型场景。

图 1-2 园林景观模型场景

知识链接： 室内设计

室内设计的宗旨是创造满足人们物质生活和精神生活需要的室内环境，包括视觉环境和工程技术方面的问题，设计的整体风格和细节装饰在很大程度上受业主的喜好和性格的影响，传统的 2D 室内设计表现让很多业主无法理解设计师的设计理念，而 3ds Max 等类似的三维室内效果图又不能灵活地对设计进行改动。SketchUp 能够在已知的房型图基础上快速建立三维模型，快捷地添加门窗、家具、电器等组件，并且附上地板和墙面的材质贴图，直观地向业主显示出室内效果，图 1-3 所示为结合 SketchUp 构建的几个室内场景效果。

图 1-3 室内场景效果

知识链接： 游戏动漫设计

越来越多的用户将 SketchUp 运用于游戏动漫设计，图 1-4 所示为结合 SketchUp 构建的几个动漫游戏场景效果。

图 1-4 动漫游戏场景效果

知识链接： 工业设计

SketchUp 在工业设计中的应用也越来越普遍，如机械产品设计、橱窗或展馆的展示设计等，如图 1-5 所示。

图 1-5 工业设计效果

1.2 建筑效果设计理论基础

知识链接： 建筑方案设计

建筑方案设计是依据设计任务书编制的文件。它由设计说明书、设计图纸、投资估算、透视图等 4 部分组成，一些大型或重要的建筑，根据工程的需要可加做建筑模型。建筑方案设计必须贯彻国家及地方有关工程建设的政策和法令，应符合国家现行的建筑工程建设标准、设计规范和制图标准以及确定投资的有关指标、定额和费用标准规定。建筑方案设计的内容和深度应符合有关规定的要求。建筑方案设计一般应包括总平面、建筑、结构、给水排水、电气、采暖通风及空调、动力和投资估算等专业，除总平面和建筑专业应绘制图纸外，其他专业以设计说明简述设计内容，但当仅用设计说明还难以表达设计意图时，可以用设计简图进行表达。建筑方案设计可以由业主直接委托有资格的设计单位进行设计，也可以采取竞选的方式进行设计。建筑方案设计竞选可以采用公开竞选和邀请竞选两种方式，并应按有关管理办法执行。

1.3 建筑效果设计基础知识

知识链接： 前期现状场地及建筑形体分析阶段

建筑方案设计的前期准备阶段也可称之为设计的"预热阶段"。在这个阶段，建筑师要对建设项目进行整体的把握，通过对建设要求、地段环境、经济因素和相关规范等重要内容进行系统全面的分析研究，为方案设计确立科学的根据。在这个过程中，用户可以利用SketchUp对现状的场地和建筑进行模拟，以提供较为精准的三维空间设计依据，比如新建的建筑高度要控制在多高，形体组合是否与周边建筑相协调，是否会对街道景观和重要的视觉通道造成遮挡等问题。SketchUp还支持数字地形高程数据，利用地理信息系统中的这些数据就可以快速构建精确的山体和河流等重要的地形因子。和GoogleEarth相配合，可以快速又方便地截取地表特征，这使得SketchUp在现状场地环境的立体构建上有着其他软件无可比拟的优点。由于技术原因，国内还没有大面积搭建完整的三维模型平台，但是在局部地区的建筑设计中，采用SketchUp软件结合GoogleEarth来还原基地的周边环境，将大大提高项目设计在前期准备阶段的成果价值，使建筑师更为高效、准确地认识和解析现状。

从一开始用户可以利用SketchUp模拟出真实场景，如图1-6所示，然后再对细节的模型进行简单处理，如图1-7所示，就得到一个完整的、连续的并且可体验的地形场景。

图 1-6 模拟真实场景

图 1-7 调整细节部分

在建筑形体推敲阶段，不需要很精确的模型，而只要初步确立建筑尺寸，构建建筑群的天际轮廓线，从而对单体建筑的高度和建筑群的组合方式做出修改，以及与周边环境相协调。建筑体块模型往往以建筑的功能为基本单位划分为不同的模块，用户可以使用SketchUp将各个功能模块用不同的颜色区分表现，这对于功能分区和交通流线分析有着很大的启发作用，如图 1-8 所示。

图 1-8 功能模块的颜色区分

🔑**知识链接：** 建筑平面设计构思阶段

　　传统的平面设计多采用 CAD 软件，根据草图进行绘制，这种方法将平面设计与三维造型分开进行，在很大程度上限制了对造型的思考，使最终效果与设计草图之间产生较大的差异，并且不利于快速地修改。而将 SketchUp 与 CAD 结合使用，可以在方案设计的初期便实现平面和立面的自然融合，保持设计思维的连贯性，互相深化并不断促进设计灵感的创新。在 SketchUp 中，设计师可以对平面草图进行粗模的搭建，以及从不同角度观察建筑体块的关系是否与场景相协调等，进一步编辑修改方案，再与 CAD 合作完成标准的图纸绘制。

　　例如在某小区的设计过程中，建筑师在前期工作的基础上形成了几种初步的设计概念，手绘出小区规划平面草图，然后利用扫描设备将草图转化为电子图片导入 SketchUp 软件中，在 SketchUp 软件中，用户可以将二维的草图迅速转化为三维的场景模型，验证设计效果是否达到预期目标，如图 1-9 所示。

图 1-9 验证设计效果

🔑**知识链接：** 建筑造型及立面设计阶段

　　这个阶段的主要任务是在上一阶段确立的建筑体块模型的基础上进行深入。设计师要考虑好建筑风格、窗户形式、屋顶形式、墙体构件等细部元素，丰富建筑构件，细化建筑立面，如图 1-10 所示。利用 SketchUp 可以灵活构建三维几何形体，由于计算机拥有对模型参数的强大处理能力，可以使模型构建更为精确和可计量化。在构建建筑形体时，SketchUp 灵活的图像处理功能又可以不断激发设计师的灵感，生成原本没有考虑到的新颖的造型形态，还可以不断转换观察角度，随时对造型进行探索和完善，并即时显现修改过程，最终帮助设计师完成设计。

图 1-10 细化建筑立面

另外，在建筑内部空间的推敲、光影及日照间距分析、建筑色彩及质感分析、方案的动态分析及对比分析等方面，SketchUp 都拥有方便快捷的直观显示，在下一节中我们也会提到 SketchUp 的这些独特优势。

1.4 建筑效果设计软件介绍

知识链接： 建模方法独特

1. 几何体构建灵活

SketchUp 取得专利的几何体引擎是专为辅助设计构思而开发的，具有相当的延展性和灵活性，这种几何体由线在三维空间中互相连接组合构成面的架构，而表面则是由这些线围合而成，互相连接的线与面保持着对周边几何体的属性关联，因此与其他简单的 CAD 系统相比更加智能，同时也比使用参数设计图形的软件系统更为灵活。

SketchUp 提供三维坐标轴，红轴为 x 轴、绿轴为 y 轴、蓝轴为 z 轴。绘图时只要稍微留意跟踪线的颜色，就能准确定位图形的方位。

2. 直接描绘、功能强大

SketchUp "画线成面，推拉成型" 的操作流程极为便捷，在 SketchUp 中无须频繁地切换用户坐标系，有了智能绘图辅助工具（如平行、垂直、量角器等），用户可以直接在 3D 界面中轻松而精确地绘制出二维图形，然后再拉伸成三维模型。另外，用户还可以通过在数值框中手动输入数值进行建模，以保证模型的精确尺度。

SketchUp 拥有强大的耦合功能和分割功能，耦合功能有自动愈合特性。例如，在 SketchUp 中，最常用的绘图工具是直线和矩形工具，使用矩形工具可以组合复杂形体，两个矩形可以组合 L 形平面、3 个矩形可以组合 H 形平面等。对矩形进行组合后，只要删除重合线，就可以完成较复杂的平面制作，而在删除重合线后，原被分割的平面、线段可以自动组合为一体，这就是耦合功能。至于分割功能则更简单，只需在已建立的三维模型某一面上画一条直线，就可以将体块分割成两部分，这一功能使设计师尽情表现创意和设计思维。

求生秘籍 —— 技巧提示

Q 提问：SketchUp 在前期建模的时候应注意哪些方面？

A 回答：SketchUp 在前期建模的时候应尽量将模型控制在最小、最简单，这样在后期修改中，将容易修改模型。

知识链接： 直接面向设计过程

1. 快捷直观、实时显现

SketchUp 提供了强大的实时显现工具，如基于视图操作的照相机工具，能够从不同角度、不同显示比例浏览建筑形体和空间效果，并且这种实时处理完毕后的画面与最后渲染输出的图片完全一致，所见即所得，不用花费大量时间来等待渲染效果，如图 1-11 所示。

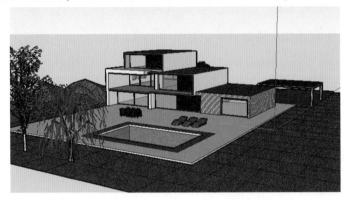

图 1-11 处理完毕后的效果

2. 表现风格多种多样

SketchUp 有多种模型显示模式，例如线框模式、消隐线模式、着色模式、X 光透视模式等，这些模式是根据辅助设计侧重点不同而设置的。SketchUp 的表现风格也是多种多样，如水粉、马克笔、钢笔、油画风格等。例如线框模式和阴影模式的效果如图 1-12 所示。

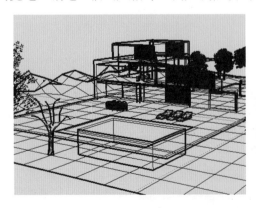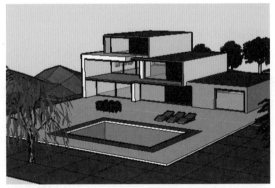

图 1-12 不同显示模式的对比效果

3. 不同属性的页面切换

SketchUp 提出了"页面"的概念，页面的形式类似一般软件界面中常用的页框。通过页框标签的选取，用户能在同一视图窗口中方便地进行多个页面视图的比较，方便对设计对象的多角度对比、分析、评价。页面的性质就像滤镜一样，可以显示或隐藏特定的设置。如果以特定的属性设置储存页面，当此页面被激活时，SketchUp 会应用此设置；页面的部分属性如果未储存，则会使用既有的设置；这样能让设计师快速地指定视点、渲染效果、阴影效果等多种设置组合。这种页面的使用特点不仅有利设计过程，更有利于成果展示，加强与客户的沟通。图 1-13 所示为在 SketchUp 中从不同页面角度观看某一建筑方案的效果。

图 1-13 从不同页面角度观看效果

4. 低成本的动画制作

SketchUp 回避了"关键帧"的概念，用户只需设定页面和页面切换时间，便可实现动画自动演示，提供给客户动态信息。另外，利用特定的插件还可以提供虚拟漫游功能，自定义人在建筑空间中的行走路线，给人身临其境的体验，如图 1-14 所示。通过方案的动态演示，客户能够充分理解设计师的设计理念，并对设计方案提出自己的意见，使最终的设计成果更好地满足客户需求。

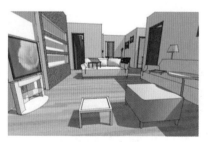

图 1-14 动画自动演示效果

求生秘籍 —— 技巧提示：提示指导系统

SketchUp 通过一个简单而详尽的颜色、线条和文本提示指导系统，让用户不必键入坐标，就能帮助其跟踪位置和完成相关建模操作。

知识链接：材质和贴图使用方便

在传统的计算机软件中，色质的表现是一个难点，同时存在色彩调节不自然、材质的修改不能实时显现等问题。而 SketchUp 强大的材质编辑和贴图使用功能解决了这些问题，用户通过输入 R、G、B 或 H、V、C 的值就可以定位出准确的颜色，通过设置调节材质编辑器里的相关参数就可以对颜色和材质进行修改。通过贴图的颜色变化，一个贴图能应用为不同颜色的材质，如图 1-15 所示。

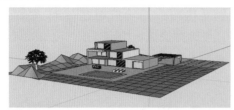

图 1-15 材质贴图效果

另外，在 SketchUp 中，用户还可以直接使用 GoogleMap 的全景照片来进行模型贴图。必要时还可以到实地拍照采样，将自然中的材料照片作为贴图运用到设计中，帮助设计师更好地搭配色彩和模拟真实质感，如图 1-16 所示。

图 1-16 模拟真实质感效果

求生秘籍——**技巧提示**

Q 提问：为什么 SketchUp 的材质贴图资源占用率很高？

A 回答：SketchUp 的材质贴图可以实时在屏幕上显示效果，所见即所得。也正因为"所见即所得"，所以 SketchUp 资源占用率很高，在建模的时候要适当控制面的数量不要太多。

知识链接： 剖面功能强大

SketchUp 按设计师的要求方便快捷地生成各种空间分析剖面图，如图 1-17 所示。剖面图不仅可以表达空间关系，更能直观准确地反映复杂的空间结构。SketchUp 的剖切面让设计师可以看到模型的内部，并且在模型内部工作，结合页面功能还可以生成剖面动画，动态展示模型内部空间的相互关系，或者规划场景中的生长动画等。另外，还可以把剖面图导出为矢量数据格式，用于制作图表、专题图等。

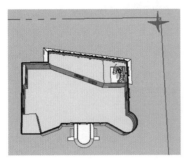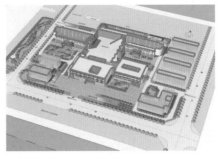

图 1-17 空间分析剖面图

求生秘籍——技巧提示

Q 提问：SketchUp 中剖面工具的使用技巧是什么？

A 回答：SketchUp 单击创建剖面的工具按钮，会显示出一个附着在光标上的剖面，移动到模型某一个面上时，这个剖面可以与面自动对齐，按〈shift〉键可锁定方向。然后移动光标到需要创建剖面的位置，单击鼠标左键确认就可以了。

知识链接： 光影分析直观准确

SketchUp 有一套进行日照分析的系统，可设定某一特定城市的经纬度和时间，得到真实的日照效果。投影特性能让设计师更准确地把握模型的尺度，控制造型和立面的光影效果。另外，这套系统还可用于评估一幢建筑的各项日照技术指标，如在居住区的设计过程中分析建筑日照间距是否满足规范要求等，如图 1-18 所示。

图 1-18 日照分析

知识链接： 组与组件便于编辑管理

绘图软件的实体管理一般是通过层（Layer）与组（Group）来管理，分别提供横向分级和纵向分项的划分，以便于使用和管理。AutoCAD 提供完善的层功能，对组的支持只是通过块（Block）或用户自定制实体来实现。而层方式的优势在于协同工作或分类管理，如水暖电气施工图，都是在已有的建筑平面图上进行绘制，为了便于修改打印，其他专业设计师一般在建筑图上添置几个新图层作为自己的专用图层，与原有的图层以示区别。而对于复杂的符号类实体，往往是用块（Block）或定制实体来实现，如门窗家具之类的复合性符号。

SketchUp 抓住了建筑设计师的职业需求，不依赖图层，提供了方便实用的【群组】（Group）

功能，并辅以【组件】（Component）作为补充，这种分类与现实对象十分贴近，使用者各自设计的组件可以通过组件互相交流、共享，减少了大量的重复劳动，而且大大节约了后续修模的时间。就建筑设计的角度而言，组的分类所见即所得的属性，比图层分类更符合设计师的需求，如图1-19所示。

图1-19 选择组件效果

求生秘籍 —— 技巧提示

Q 提问：SketchUp中修改组与组件的区别是什么？

A 回答：复制组件后，修改某一个，所有组件均会变动；复制组后，修改某一个，其他的不会变。

知识链接：与其他软件数据高度兼容

SketchUp可以通过数据交换与AutoCAD、3ds Max等相关图形处理软件共享数据成果，以弥补SketchUp的不足。此外，SketchUp在导出平面图、立面图和剖面图的同时，建立的模型还可以提供给渲染师用Piranesi或Artlantis等专业图像处理软件渲染成写实的效果图。

知识链接：缺点及其解决方法

SketchUp偏重于设计构思过程的表现，对于后期要求严谨的工程制图和仿真效果图的表现相对较弱。对于要求较高的效果图，需将其导出图片，利用Photoshop等专业图像处理软件进行修补和润色。

SketchUp在曲线建模方面显得逊色一些。因此，当遇到特殊形态的物体，特别是曲线物体时，需要先在AutoCAD中绘制好轮廓线或是剖面，再导入SketchUp中进一步处理。

SketchUp本身的渲染功能较弱，最好结合其他软件(如Piranesi和Artlantis软件)一起使用。

1.SketchUp软件和3ds Max软件的区别

SketchUp被建筑师称为"最优秀的建筑草图工具"，是一款相当简便易学的软件，一些不熟悉计算机的建筑师也可以很快掌握。SketchUp融合了铅笔画的优美与自然笔触，可以迅速地构建、显示和编辑三维建筑模型，同时可以导出透视图、DWG或DXF格式的2D矢量文件等具有精准尺寸的平面图形。

3ds Max与SketchUp的应用重点不一样，3ds Max在后期的效果图制作、复杂的曲面建模以及精美的动画表现方面胜过于SketchUp，但是操作相对复杂。SketchUp直接面向设计方案的创作过程而不只是面向渲染成品或施工图纸，注重的是前期设计方案的体现，它使设计师可以直接在计算机上进行十分直观的构思，最终形成的模型可直接交给其他具备高级渲染能力的软件进行最终渲染。

2.SketchUp 软件和 AutoCAD 软件的区别

一般而言，大家会使用 AutoCAD 软件绘制平面图，使用 SketchUp 和 3ds Max 制作三维模型。而 SketchUp 和它们最大的不同就是操作简单，会用 CAD 的人可以很快上手。SketchUp 可以非常方便地生成立体模型，方便人们体验空间感受。模型精细的话，也可以直接导出效果图，但是 SketchUp 无法绘制精细的平面图。用户可以将 CAD 的平面图或立面图导入到 SketchUp 中，参照导入的 CAD 图形创建立体模型，在本书的几个案例章节中都使用了这种方法，非常方便。

求生秘籍 —— 技巧提示

Q 提问：SketchUp 可以配合其他软件一起绘图吗？

A 回答：SketchUp 和其他绘图软件配合使用可绘制更加精细的模型。

知识链接：安装 SketchUp 的系统要求

1. 显卡

SketchUp 运行环境对显卡有一定的要求，推荐配置 NVIDIA 系列显卡。如果要购买其他系列的显卡，可以把 SketchUp 制作的大文件带去计算机商家现场装机测试后再决定是否购买。

2.CPU

CPU 选择双核以上，参考个人经济能力，选择主频比较高的。

3. 内存

建议配置 2GB 以上的内存。

4. 笔记本

在选择适合 SketchUp 运行的笔记本时也可以参考台式机配置建议，并使用 SketchUp 现场测试较大模型的运行情况。

5. 不同系统的推荐配置

（1）Windows XP

1）软件：Microsoft® Internet Explorer 6.0 或更高版本；Google SketchUp Pro 需要 2.0 版本的 .NET Framework。

2）推荐使用的硬件：2GHz 以上处理器；2GB 以上 RAM；500MB 可用硬盘空间；内存为 512MB 或更高的 3D 类视频卡（请确保视频卡驱动程序支持 OpenGL36254 或更高版本，并及时进行更新）；三按键滚轮鼠标。

3）最低硬件要求：600MHz 处理器；128MB RAM；128MB 可用硬盘空间；内存为 128MB 或更高的 3D 类视频卡（请确保视频卡驱动程序支持 OpenGL36254 或更高版本，并及时进行更新）。

4）Pro 许可：SketchUp 不支持广域网（WAN）中的网络许可。目前，许可证不具备跨平台兼容性。例如 Windows 许可证无法用于 Mac OS X 版本的 SketchUp Pro。

（2）Windows Vista 和 Windows 7

1）软件：Microsoft® InternetExplorer 6.0 或更高版本；Google SketchUp Pro 需要 2.0 版本的 .NET Framework。

2）推荐使用的硬件：2GHz 以上处理器；2GB 以上 RAM；500MB 可用硬盘空间；内存为 512MB 或更高的 3D 类视频卡（请确保视频卡驱动程序支持 OpenGL36254 或更高版本，并及时进行更新）；三按键滚轮鼠标。

3）最低硬件要求：1GHz 处理器；1GBRAM；160MB 可用硬盘空间；内存为 256MB 或更高的 3D 类视频卡（请确保视频卡驱动程序支持 OpenGL36254 或更高版本，并及时进行更新）。

（3）Mac OS X

1）Mac OS X® 10.4.1、10.5 和 10.6：可用于多媒体教程的 QuickTime5.0 和网络浏览器；Safari；不支持 BootCamp 和 Parallels 环境。

2）推荐使用的硬件：2.1GHzG5/Intel® 处理器；2GBRAM；400MB 可用硬盘空间；内存为 512MB 或更高的 3D 类视频卡（请确保视频卡驱动程序支持 OpenGL1.5 或更高版本，并及时进行更新）；三按键滚轮鼠标。

3）最低硬件要求：1GHzPowerPC ™ G4；512RAM；160MB 可用硬盘空间；内存为 128MB 或更高的 3D 类视频卡（请确保视频卡驱动程序支持 OpenGL1.5 或更高版本，并及时进行更新）；三按键滚轮鼠标。

（4）不支持的环境

1）Linux：目前未提供 Linux 版本的 Google SketchUp。

2）VMWare：目前，SketchUp 不支持在 VMWare 环境中工作。

求生秘籍——技巧提示

Q 提问：SketchUp 的性能主要取决于哪些因素？

A 回答：SketchUp 的性能主要取决于图形卡驱动程序及其对 OpenGL1.5 或更高版本的支持。以前曾发现在 ATIRadeon 卡和 Intel 卡上使用 SketchUp 会出现问题，因此笔者不推荐用这些图形卡来运行 SketchUp。

1.5 本章小结

在本章学习中，用户大致了解了 SketchUp 的发展及其在各行业的应用情况，同时了解了 SketchUp 相对于其他软件的优势特点。

第 2 章
SketchUp 8 设计入门

本章导读

通过第 1 章的学习，相信用户对 SketchUp 8 的应用领域已经有了一定的了解，但是操作起来并没有完全适应。那么在本章中我们就对 SketchUp 8 的界面进行系统地讲解，并结合【动手操练】使大家能完全适应 SketchUp 的操作环境，为后面的学习打下坚实的基础。

	知识点 ＼ 学习目标	了解	理解	应用	实践
学习要求	了解 SketchUp 8 的界面	√	√	√	
	掌握视图操作的方法	√	√	√	√
	掌握设置坐标系的方法	√	√	√	√
	掌握在界面中查看图形的方法	√	√	√	√
	掌握选择删除图形的方法	√	√	√	√

2.1 向导界面

知识链接：向导界面

安装好 SketchUp 8 后，双击桌面上的 ![Google SketchUp 8] 图标启动软件，首先出现的是【欢迎使用 SketchUp】的向导界面，如图 2-1 所示。

图 2-1 向导界面

在向导界面中设置了【添加许可证】 添加许可证 、【选择模板】 选择模板 、【始终在启动时显示】 ☑始终在启动时显示 等功能按钮，用户可以根据需要进行选择使用。

运行 SketchUp，在出现的向导界面中，单击【选择模版】按钮 选择模板 ，然后在【模板】的下拉列表中单击选择【建筑设计—毫米】，接着单击【开始使用 SketchUp】按钮 开始使用 SketchUp 即可打开 SketchUp 的工作界面，如图 2-2 所示。

图 2-2 选择模版

SketchUp 8 的初始界面主要由标题栏、菜单栏、工具栏、绘图区、状态栏、数值控制框和窗口调整柄几个区域构成，如图 2-3 所示。

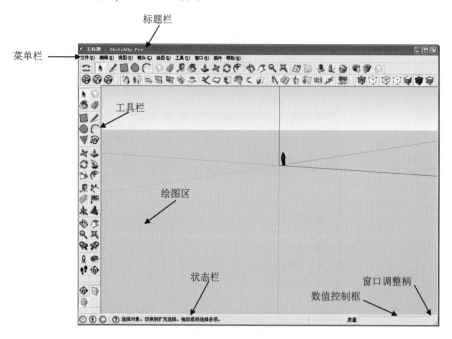

图 2-3 初始界面

求生秘籍——技巧提示

启用向界面打开【帮助】菜单，单击【欢迎使用 SketchUp】命令，就会自动弹出向导界面，重新选中【始终在启动时显示】复选框进行启用即可。

2.2　工作界面

知识链接： 标题栏

标题栏位于界面的最顶部，最左端是 SketchUp 的标志，往右依次是当前编辑的文件的名称（如果文件还没有保存命名，这里则显示为【无标题】）、软件版本和窗口控制按钮，如图 2-4 所示。

图 2-4　标题栏

知识链接： 菜单栏

菜单栏位于标题栏下面，包括【文件】、【编辑】、【视图】、【镜头】、【绘图】、【工具】、【窗口】、【插件】和【帮助】9 个主菜单，如图 2-5 所示。

图 2-5　菜单栏

1. 文件

【文件】菜单用于管理场景中的文件，包括【新建】、【打开】、【保存】、【打印】、【导入】和【导出】等常用命令，如图 2-6 所示。

【新建】：快捷键为 < Ctrl+N > 组合键，执行该命令后将新建一个 SketchUp 文件，并关闭当前文件。如果用户没有对当前修改的文件进行保存，在关闭时将会得到提示。如果需要同时编辑多个文件，则需要打开另外的 SketchUp 应用窗口。

【打开】：快捷键为 < Ctrl+O > 组合键，执行该命令可以打开需要进行编辑的文件。同样，在打开时系统将提示是否保存当前文件。

【保存】：快捷键为 <Ctrl+S> 组合键，该命令用于保存当前编辑的文件。

在 SketchUp 中也有自动保存设置。单击【窗口】|【使用偏好】命令，然后在弹出的【系统使用偏好】对话框中切换到【常规】选项卡，即可设

图 2-6　【文件】菜单

置自动保存的间隔时间，如图 2-7 所示。

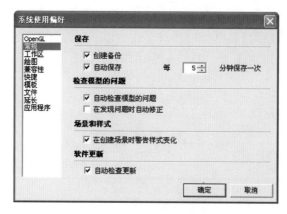

图 2-7 【系统使用偏好】对话框

　　打开一个 SKP 文件并操作了一段时间后，桌面出现阿拉伯数字命名的 SKP 文件。这可能是由于打开的文件未命名，并且没有关闭 SkctchUp 的"自动保存"功能所造成的，可以在文件进行保存命名之后再操作；也可以单击【窗口】│【使用偏好】命令，然后在弹出的【系统使用偏好】对话框中切换到【常规】选项卡，接着取消【自动保存】复选框的选择即可。

　　【另存为】：快捷键为 < Ctrl+Shift+S > 组合键，该命令用于将当前编辑的文件另行保存。

　　【副本另存为】：该命令用于保存过程文件，对当前文件没有影响。在保存重要步骤或构思时，该命令非常便捷。此选项只有在对当前文件命名之后才能激活。

　　【另存为模板】：该命令用于将当前文件另存为一个 SketchUp 模板。

　　【还原】：执行该命令后将返回最近一次的保存状态。

　　【发送到 Lay Out】：SketchUp 8 专业版本发布了增强的布局 Lay Out3 功能，执行该命令可以将场景模型发送到 Lay Out 中进行图纸的布局与标注等操作。

　　【在 Google 地球中预览】：这两个命令结合起来使用，可以在 Google 地图中预览模型场景。

　　【建筑模型制作工具】：通过使用该命令可以在网上制作建筑模型，利用 Google 还原真实的街道场景。有兴趣的读者可以登 http://www.sketchUp.com/intl/en/3dwh/buildingmaker.html 网站了解有关操作，如图 2-8 所示。

图 2-8 选择模版

【3D 模型库】：通过使用该命令可以从网上的 3D 模型库中下载需要的 3D 模型，也可以上传模型，如图 2-9 所示。

图 2-9 3D 模型库

【导入】：该命令用于将其他文件插入 SketchUp 中，包括组件、图像、DWG／DXF 文件和 3DS 文件等。

　　将图形导入作为 SketchUp 的底图时，用户可以考虑将图形的颜色修改得较鲜明，以便描图时显示得更清晰。

　　导入 DWG 和 DXF 文件之前，先在 AutoCAD 里将所有线的标高归零，并最大限度地保证线的完整度和闭合度。

　　导入的文件按照类型可以分为 4 类。

　　（1）导入组件

　　将其他 SketchUp 文件作为组件导入到当前模型中，也可以将文件直接拖动到绘图窗口中。

　　（2）导入图像

　　将一个基于像素的光栅图像作为图形对象放置到模型中，用户也可以直接拖动一个图像文件到绘图窗口。

　　（3）导入材质图像

　　将一个基于像素的光栅图像作为一种可以应用于任意表面的材质插入模型中。

　　（4）导入 DWG／DXF 格式的文件

　　将 DWG／DXF 文件导入到 SketchUp 模型中，支持的图形元素包括线、圆弧、圆、多段线、面、有厚度的实体、三维面以及关联图块等。导入的实体会转换为 SketchUp 的线段和表面放置到相应的图层，并创建为一个组。导入图像后，可以通过全屏窗口缩放（快捷键为 <Shift+Z> 组合）进行查看。

【导出】：该命令的子菜单中包括 4 个命令，分别为【三维模型】、【二维图形】、【剖面】和【动画】，如图 2-10 所示。

【三维模型】：执行该命令可以将模型导出为 DXF、DWG、3DS 和 VRML 格式。

| 三维模型 (3) |
| 二维图形 (2)... |
| 剖面... |
| 动画 (A)... |

图 2-10 【导出】菜单

【二维图形】：执行该命令可以导出 2D 光栅图像和 2D 矢量

图形。基于像素的图形可以导出为 JPEG、PNG、TIFF、BMP、TGA 和 EPIX 格式，这些格式可以准确地显示投影和材质，和在屏幕上看到的效果一样：用户可以根据图像的大小调整像素，以更高的分辨率导出图像：当然，更大的图像会需要更多的时间。输出图像的尺寸最好不要超过 5000*3500，否则容易导出失败。矢量图形可以导出为 PDF、EPS、DWG 和 DXF 格式，矢量输出格式可能不支持一定的显示选项，例如阴影、透明度和材质。需要注意的是，在导出立面、平面等视图的时候别忘了关闭【透视显示】模式。

【剖面】：执行该命令可以精确地以标准矢量格式导出二维剖面图。

【动画】：该命令可以将用户创建的动画页面序列导出为视频文件。用户可以创建复杂模型的平滑动画，并可用于刻录 VCD。

【打印设置】：执行该命令可以弹出【打印设置】对话框，在该对话框中设置所需的打印设备和纸张的大小。

【打印预览】：使用指定的打印设置后，可以预览将打印在纸上的图像。

【打印】：该命令用于打印当前绘图区显示的内容，快捷键为 <Ctrl+P> 组合键。

【退出】：该命令用于关闭当前文档和 SketchUp 应用窗口。

2.编辑

【编辑】菜单用于对场景中的模型进行编辑操作，包括如图 2-11 所示的命令。

【还原】：执行该命令将返回上一步的操作，快捷键为 <Ctrl+Z> 组合键。注意：只能撤销创建物体和修改物体的操作，不能撤销改变视图的操作。

【重做】：该命令用于取消【还原】命令，快捷键为 <Ctrl+Y> 组合键。

【剪切】/【复制】/【粘贴】：利用这 3 个命令可以让选中的对象在不同的 SketchUp 程序窗口之间进行移动，快捷键依次为 <Ctrl+X>、<Ctrl+C> 和 <Ctrl+V> 组合键。

【原位粘贴】：该命令用于将复制的对象粘贴到原坐标。

图 2-11 【编辑】菜单

【删除】：该命令用于将选中的对象从场景中删除，快捷键为 <Delete> 键。

【删除导向器】：该命令用于删除场景中的所有辅助线。

【全选】：该命令用于选择场景中的所有可选物体，快捷键为 <Ctrl+A> 组合键。

【全部不选】：与【全选】命令相反，该命令用于取消对当前所有元素的选择，快捷键为 <Ctrl+T> 快捷键。

【隐藏】：该命令用于隐藏所选物体。使用该命令可以帮助用户简化当前视图，或者方便对封闭的物体进行内部的观察和操作。

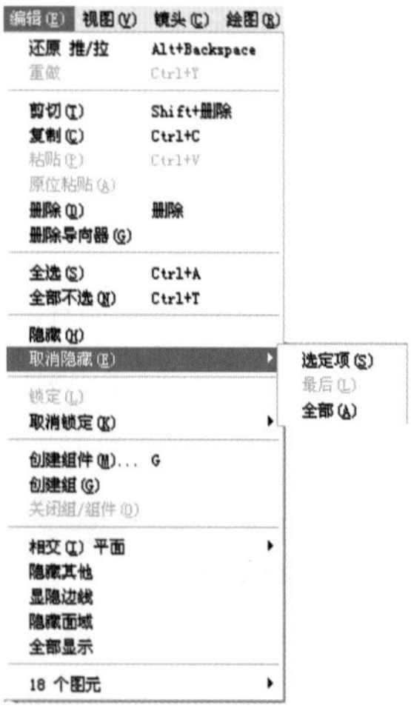

图 2-12 【取消隐藏】命令

【取消隐藏】：该命令的子菜单中包含 3 个命令，分别是【选定项】、【最后】和【全部】，如图 2-12 所示。

【选定项】：该命令用于显示所选的隐藏物体。隐藏物体的选择可以单击【视图】|【隐藏几何图形】命令，如图 2-13 所示。

【最后】：该命令用于显示最近一次隐藏的物体。

【全部】：执行该命令后，所有显示的图层的隐藏对象将被显示。注意：此命令对不显示的图层无效。

【锁定】：该命令用于锁定当前选择的对象，使其不能被编辑；而【解锁】命令则用于解除对象的锁定状态。在单击鼠标右键弹出的快捷菜单中也可以找到这两个命令，如图 2-14 所示。

图 2-13 【隐藏几何图形】菜单命令　　图 2-14 【锁定】/【解锁】命令

3. 视图

【视图】菜单包含了模型显示的多个命令，如图 2-15 所示。

【工具栏】：该命令的子菜单中包含了 SketchUp 中的所有工具，单击这些命令，即可在绘图区中显示出相应的工具，如图 2-16 所示。

如果要显示这些工具图标，用户只须在【系统使用偏好】对话框中的【延长】选项卡启用所有选项，如图 2-17 所示。

单击【视图】|【工具栏】命令，并在弹出的子菜单中单击启用需要显示的工具栏即可。

【场景标签】：该命令用于在绘图窗口的顶部激活场景标签。

【隐藏几何图形】：该命令可以将隐藏的物体以虚线的形式显示。

【截面】：该命令用于显示模型的任意剖切面。

【截面切割】：该命令用于显示模型的剖面。

图 2-15 【视图】菜单　　图 2-16 【工具栏】菜单

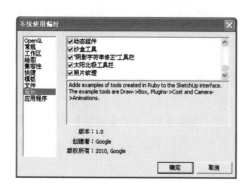

图 2-17 【系统使用偏好】对话框

【轴】：该命令用于显示或者隐藏绘图区的坐标轴。

【导向器】：该命令用于查看建模过程中的辅助线。

【阴影】：该命令用于显示模型在地面的阴影。

【雾化】：该命令用于为场景添加雾化效果。

【边线样式】：该命令包含了 5 个子命令，其中【边线】和【后边线】命令用于显示模型的边线，【轮廓】、【深度暗示】和【延长】命令用于激活相应的边线渲染模式，如图 2-18 所示。

【正面样式】：该命令包含了 6 种显示模式，分别为【X 射线】、【线框】、【隐藏线】、【阴影】、【带纹理的阴影】和【单色】模式，如图 2-19 所示。

图 2-18 【边线样式】菜单

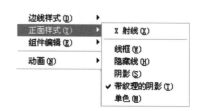

图 2-19 【正面样式】菜单

【组件编辑】：该命令包含的子命令用于改变编辑组件时的显示方式，如图 2-20 所示。

【动画】：该命令同样包含一些子命令，如图 2-21 所示，通过这些子命令可以添加或删除场景，也可以控制动画的播放和设置。有关动画的具体操作会在后面章节中进行详细的讲解。

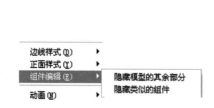

图 2-20 【组件编辑】菜单

图 2-21 【动画】菜单

4. 镜头

【镜头】菜单包含了改变模型视角的命令，如图 2-22 所示。

【上一个】：该命令用于返回翻看上次使用的视角。

【下一个】：在翻看上一视图之后，单击该命令可以翻看下一视图。

【标准视图】：SketchUp 提供一些预设的标准角度的视图，包括顶视图、底视图、前视图、后视图、左视图、右视图和等轴视图。通过该命令的子菜单可以调整当前视图，如图 2-23 所示。

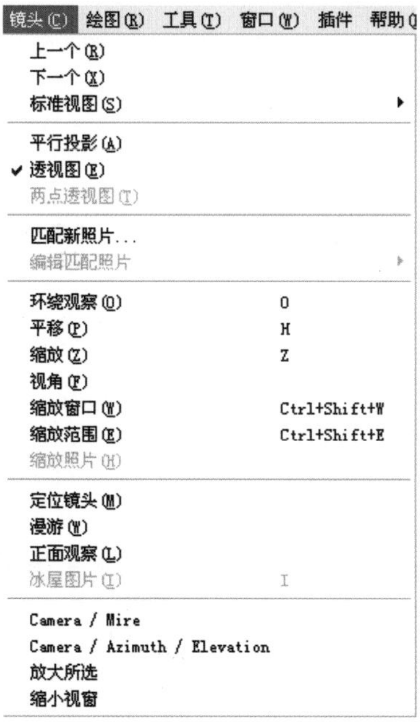

图 2-22 【镜头】菜单　　　　　图 2-23 【标准视图】菜单

【平行投影】：该命令用于调用【平行投影】显示模式。

【透视图】：该命令用于调用【透视】显示模式。

【两点透视图】：该命令用于调用【两点透视】显示模式。

【匹配新照片】：执行该命令可以导入照片作为材质，对模型进行贴图。

【编辑匹配照片】：该命令用于对匹配的照片进行编辑修改。

【环绕观察】：执行该命令可以对模型进行旋转查看。

【平移】：执行该命令可以对视图进行平移。

【缩放】：执行该命令后，按住鼠标左键在屏幕上进行拖动，可以进行实时缩放。

【视角】：执行该命令后，按住鼠标左键在屏幕上进行拖动，可以使视野变宽或者变窄。

【缩放窗口】：该命令用于放大窗口选定的元素，快捷键为 <Ctrl+Shift+W> 组合键。

【缩放范围】：该命令用于使场景充满绘图窗口，快捷键为 <Ctrl+Shift+E> 组合键。

【缩放照片】：该命令用于使背景图片充满绘图窗口。

【定位镜头】：该命令可以将相机精确放置到眼睛高度或者置于某个精确的点。

【漫游】：该命令用于调用【漫游】工具。

【正面观察】：执行该命令可以在相机的位置沿 z 轴旋转显示模型。

5. 绘图

【绘图】菜单包含了绘制图形的几个命令，如图 2-24 所示。

【线条】：执行该命令可以绘制直线、相交线或者闭合的图形。

【圆弧】：执行该命令可以绘制圆弧，圆弧一般是由多个相连的曲线片段组成的，但是这些图形可以作为一个弧整体进行编辑。

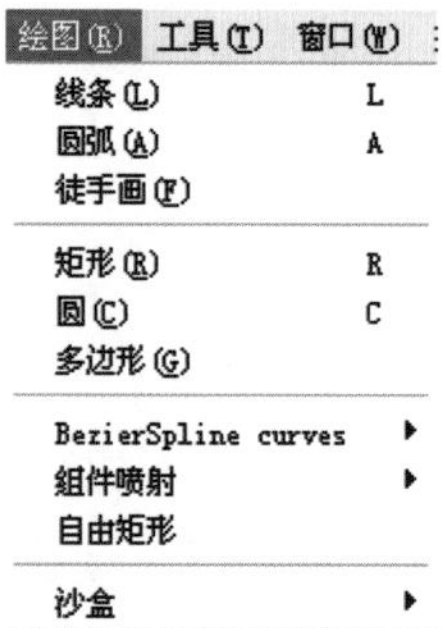

图 2-24 【绘图】菜单

【徒手画】：执行该命令可以绘制不规则的、共面相连的曲线，从而画出多段曲线或者简单的徒手画物体。

【矩形】：执行该命令可以绘制矩形面。

【圆】：执行该命令可以绘制圆。

【多边形】：执行该命令可以绘制规则的多边形。

【沙盒】：用户可以利用该命令的【根据等高线创建】或【根据网格创建】子命令创建地形，如图 2-25 所示。

图 2-25 【沙盒】菜单

【自由矩形】：与【矩形】命令不同，执行【自由矩形】命令可以绘制边线不平行于坐标轴的矩形。

6. 工具

【工具】菜单主要包括对物体进行操作的常用命令，如图 2-26 所示。

【选择】：选择特定的实体，以便对实体进行其他命令的操作。

【橡皮擦】：该命令用于删除边线、辅助线和绘图窗口的其他物体。

【颜料桶】：执行该命令将弹出【材质】对话框，用于为面或组件赋予材质。

【移动】：该命令用于移动、拉伸和复制几何体，也可以用来旋转组件。

【旋转】：执行该命令将在一个旋转面里旋转绘图要素、单个或多个物体，也可以选中一部分物体进行拉伸和扭曲。

【调整大小】：执行该命令将对选中的实体进行缩放。

【推／拉】：该命令用来扭曲和均衡模型中的面。根据几何体特性的不同，该命令可以移动、挤压、添加或者删除面。

图 2-26 【工具】菜单

【跟随路径】：该命令可以使面沿着某一连续的边线路径进行拉伸，在绘制曲面物体时非常方便。

【偏移】：该命令用于偏移复制共面的面或者线，可以在原始面的内部和外部偏移边线，偏移一个面会创造出一个新的面。

【外壳】：该命令可以将两个组件合并为一个物体并自动成组。

【实体工具】：该命令下包含了 5 种布尔运算功能，可以对组件进行并集、交集和差集的运算。

【卷尺】：该命令用于绘制辅助测量线，使精确建模操作更简便。

【量角器】：该命令用于绘制一定角度的辅助量角线。

【轴】：该命令用于设置坐标轴，也可以进行修改。对绘制斜面物体非常有效。

【尺寸】：该命令用于在模型中标示尺寸。

【文本】：该命令用于在模型中输入文字。

【三维文本】：该命令用于在模型中放置 3D 文字，可设置文字的大小和挤压厚度。

【截平面】：该命令用于显示物体的剖切面。

【互动】：通过设置组件属性，给组件添加多个属性，比如多种材质或颜色。运行动态组件时会根据不同属性进行动态化显示。

【沙盒】：该命令包含 5 个子命令，分别为【曲面拉伸】、【曲面平整】、【曲面投射】、【添加细部】和【翻转边线】，如图 2-27 所示。

图 2-27　【沙盒】菜单

7. 窗口

【窗口】菜单中的命令代表着不同的编辑器和管理器，如图 2-28 所示。用户通过这些命令可以打开相应的浮动窗口，以便快捷地使用常用编辑器和管理器，而且各个浮动窗口可以相互吸附对齐，单击即可展开，如图 2-29 所示。

图 2-28　【窗口】菜单　　　　　　图 2-29　浮动窗口

【模型信息】：单击该命令将弹出【模型信息】对话框。

【图元信息】：单击该命令将弹出【图元信息】对话框，用于显示当前选中实体的属性。

【材质】：单击该命令将弹出【材质】对话框。

【组件】：单击该命令将弹出【组件】对话框。

【样式】：单击该命令将弹出【样式】对话框。

【图层】：单击该命令将弹出【图层】对话框。

【大纲】：单击该命令将弹出【大纲】对话框。

【场景】：单击该命令将弹出【场景】对话框，用于突出当前场景。

【阴影】：单击该命令将弹出【阴影设置】对话框。

【雾化】：单击该命令将弹出【雾化】对话框，用于设置雾化效果。

【照片匹配】：单击该命令将弹出【照片匹配】对话框。

【柔化边线】：单击该命令将弹出【柔化边线】对话框。

【工具向导】：单击该命令将弹出【工具向导】对话框。

【使用偏好】：单击该命令将弹出【系统使用偏好】对话框，可以通过设置 SketchUp 的应用参数来为整个程序编写各种不同的功能。

【隐藏对话框】：该命令用于隐藏所有对话框。

【Ruby 控制台】：单击该命令将弹出【Ruby 控制台】对话框，用于编写 Ruby 命令。

【组件选项】/【组件属性】：这两个命令用于设置组件的属性，包括组件的名称、大小、位置和材质等。通过设置属性可以实现动态组件的变化显示。

【照片纹理】：使用该命令可以直接从 Google 地图上截取照片纹理，并作为材质贴图赋予模型物体的表面。

8. 插件

【插件】菜单如图 2-30 所示，这里包含了用户添加的大部分插件，还有部分插件可能分散在其他菜单中，在后面章节中会对常用插件作详细介绍。

9. 帮助

用户可以通过【帮助】菜单中的命令了解软件各部分的详细信息和学习教程，如图 2-31 所示。

单击【帮助】|【关于 SketchUp】命令，将弹出一个信息对话框，在该对话框中可以找到软件版本号、用途等，如图 2-32 所示。

图 2-30 【插件】菜单　　图 2-31 【帮助】菜单　　图 2-32 【关于 Google SketchUp】对话框

知识链接： 标题栏

工具栏包含了常用的工具，用户可以自定义这些工具的显隐状态或显示大小等，如图 2-33 所示。

知识链接： 绘图区

绘图区又叫绘图窗口，占据了工作界面中最大的区域，在这里可以创建和编辑模型，也可以对视图进行调整。在绘图窗口中还可以看到以红、黄、绿 3 色显示的绘图坐标轴。

激活绘图工具时，取消鼠标处的坐标轴光标，可以单击【窗口】｜【使用偏好】命令，然后在弹出的【系统使用偏好】对话框的【绘图】选项卡中取消【显示十字准线】复选框的选择。如图 2-34 所示。

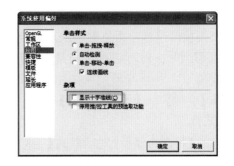

图 2-33　【工具栏】菜单　　　　　图 2-34　【系统使用偏好】对话框

知识链接： 数值控制框

绘图区的左下方是数值控制框，这里会显示绘图过程中的尺寸信息，也可以接收键盘输入的数值。数值控制框支持所有的绘制工具，其工作特点如下。

①由鼠标设定的数值会在数值控制框中动态显示。如果设定的数值不符合系统属性指定的数值精度，在数值前面会显示【~】符号，这表示该数值不够精确。

②用户既可以在命令完成之前输入数值，也可以在命令完成后输入数值。输入数值后，按 <Enter> 键确定。

③当前命令仍然生效的时候(开始新的命令操作之前)，可以持续不断地改变输入的数值。

④一旦退出命令，数值控制框就不会再对该命令起作用了。

⑤输入数值之前不需要单击数值控制框，可以直接在键盘上输入，数值控制框随时"待命"。

知识链接： 状态栏

状态栏位于界面的底部，用于显示命令提示和状态信息，是对命令的描述和操作提示，这些信息会随着对象的改变而改变。

知识链接： 窗口调整柄

窗口调整柄位于界面的右下角，显示为一个条纹组成的倒三角符号，通过拖动窗口调整柄可以调整窗口的长宽和大小。当界面最大化显示时，窗口调整柄是隐藏的，此时只需双击标题栏将界面缩小即可看到。

调整绘图区窗口大小：

单击绘图区右上角的【向下还原】按钮  ，该按钮会自动切换为【最大化】按钮 ，在这种状态下，用户可以拖动右下角的窗口调整柄 进行调整（界面的边界会呈虚线显示），也可以将鼠标置于界面的边界处，待其变成双向箭头 ，拖动箭头即可改变界面大小。

动手操练——另存为模版

视频教程——光盘主界面 / 第 2 章 /2.2

执行【另存为模版】命令方式：

在菜单栏中，单击【文件】|【另存为模版】命令。

在完成场景信息设置后，用户可以把它保存为一个模板，这样当再打开 SketchUp 绘制其他建筑图纸时，就不必再对场景的信息进行重复设置了。调整好场景风格和系统设置后，选择【文件】|【另存为模板】命令，如图 2-35 所示。

图 2-35 【另存为模版】命令

在弹出的【另存为模板】对话框的【名称】文本框中输入模板名称，如"建筑"，也可以在【说明】文本框中添加模板注释信息，然后选中【设为默认模板】复选框，最后单击【保存】按钮 ，完成模板设置，如图 2-36 所示。

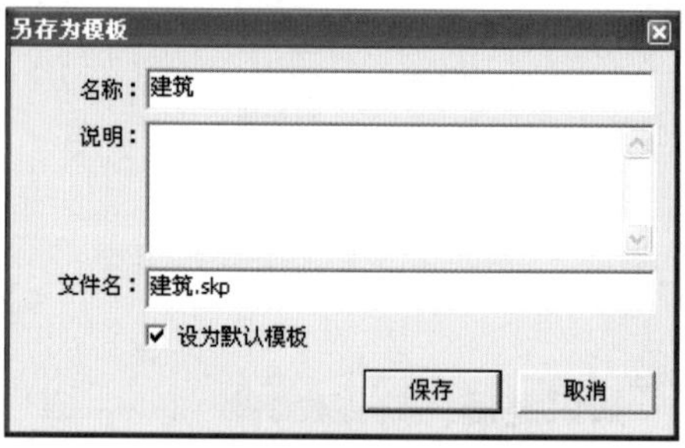

图 2-36 【另存为模版】对话框

当用户重新启动 SketchUp 时，系统将会把"建筑 .Skp"这个文件设置为默认的模板。如果设置了多个模板，用户可以在向导界面中单击【选择模板】按钮 ，选择需要的模板进行使用，如图 2-37 所示。

图 2-37 选择模版

求生秘籍 —— 专业知识精选

建筑方案设计是依据设计任务书而编制的文件。它由设计说明书、设计图纸、投资估算和透视图四部分组成。

2.3 视图操作

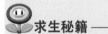知识链接：【视图】工具栏

SketchUp 默认的操作视图提供了一个透视图，其他几种视图需要通过单击【视图】工具栏里相应的图标来完成，如图 2-38 所示。

图 2-38　【视图】工具栏

求生秘籍 —— 技巧提示

Q 提问：调出【视图】工具栏的方法是什么？

A 回答：单击【视图】|【工具栏】|【视图】命令，即可调出【视图】工具栏。

知识链接：【大工具集】工具栏中的视图操作工具

（1）【环绕观察】工具

在【大工具集】工具栏中单击【环绕观察】工具🔄，然后把光标移到透视图视窗中，按住鼠标左键，通过拖动鼠标可以进行视窗内视点的旋转。通过旋转可以观察模型各个角度的情况。

（2）【平移】工具

在【大工具集】工具栏中单击【平移】工具✋，就可以在视窗中平行移动观察窗口。

（3）【缩放】工具

在【大工具集】工具栏中单击【缩放】工具🔍，然后把光标移到透视图视窗中，按住鼠标左键不放，拖动鼠标就可以对视窗中的模型进行缩放。鼠标上移则放大，下移则缩小，由此可以随时观察模型的细部和全局状态。

（4）【缩放范围】工具

在【大工具集】工具栏中单击【缩放范围】工具🔍，即可使场景中的模型最大化地显示在绘图区中。

（5）【上一个】工具

在【大工具集】工具栏中单击【上一个】工具🔄，即可看到上一次调整后的视图。

（6）【下一个】工具

在【大工具集】工具栏中单击【下一个】工具 ，即可看到下一次调整后的视图。

求生秘籍 —— 技巧提示

Q 提问：调出【大工具集】工具栏的方法是什么？

A 回答：单击【视图】|【工具栏】|【大工具集】命令，即可调出【大工具集】工具栏。

动手操练 —— 不同视图角度观看模型

视频教程 —— 光盘主界面 / 第 2 章 /2.3

执行视图操作命令方式：

激活【大工具集】工具栏中的【环绕观察】工具 ，【平移】工具 ，【缩放】工具 ，【缩放范围】工具 ，【上一个】工具 ，【下一个】工具 。

打开 "2-1.skp" 图形文件，激活【环绕观察】工具 ，可观察图形整体，如图 2-39 所示。

图 2-39 环绕观察模型

激活【平移】工具 ，可平移观察图形一侧，如图 2-40 所示。

图 2-40 平移观察模型

激活【缩放】工具🔍，可放大图形文件来进行观察，如图 2-41 所示。

图 2-41 缩放观察模型

2.4 设置坐标系

知识链接： 重设坐标轴

重设坐标轴的具体操作步骤如下：

①激活【轴】工具🛠️，此时光标处会多出一个坐标符号。

②移动光标至要放置新坐标系的点，该点将作为新坐标系的原点。在捕捉点的过程中，用户可以通过参考提示来确认是否放置在正确的点上。

③确认新坐标系的原点后，移动光标来对齐 x 轴（红轴）的新位置，然后再对齐 y 轴（绿轴）的新位置，完成坐标轴的重新设定。

完成坐标轴的重新设定后，z 轴（蓝轴）垂直于新指定的 xy 平面，如果新的坐标系是建立在斜面上，那么现在就可以顺利完成斜面的【缩放】操作了。

求生秘籍——技巧提示

单击【视图】｜【轴】命令，即可显示或隐藏坐标轴。

动手操练——重设坐标系

视频教程——光盘主界面 / 第 2 章 /2.4

执行【轴】命令主要有以下两种方式：

在菜单栏中，单击【工具】｜【轴】命令。

单击【大工具集】工具栏中的【轴】按钮🛠️。

打开"2-2.skp"图形文件，想要绘制其他平面上的圆，有两种方法可以达到目的。一种是修改 xy 平面的方向，具体操作过程为：在 xy 平面上绘制一个圆，然后在坐标轴上用鼠标右键单击，接着在弹出的菜单中单击【放置】命令，最后通过鼠标操作来修改 xy 平面的方向，如图 2-42 所示。当然，也可以通过重设坐标轴的方法来修改平面。

另一种方法是先找到参考平面（没有的话，就自己创建一个），然后激活【圆】工具，接着将光标移至参考面上，当出现【在表面上】的提示后，按住 <Shift> 键以锁定圆的方向，再移动光标至合适的位置并单击确定圆心，之后绘制的圆就是与参考面相平行的了，如图 2-43 所示。

图 2-42 【放置】命令

图 2-43 绘制其他平面上的图

2.5 在界面中查看模型

知识链接： 使用镜头工具栏查看

【镜头】工具栏包含了 7 个工具，分别为【环绕观察】工具、【平移】工具、【缩放】工具、【缩放窗口】工具、【上一个】工具、【下一个】工具和【缩放范围】工具，如图 2-44 所示。

图 2-44 【镜头】工具栏

（1）【环绕观察】工具

【环绕观察】工具：可以使照相机绕着模型旋转，激活该工具后，按住鼠标左键不放并拖动即可旋转视图，如果没有激活该工具，那么按住鼠标中键不放并进行拖动也可以旋转视图（SketchUp 默认鼠标中键为【环绕观察】工具的快捷键）。

（2）【平移】工具

【平移】工具：可以相对于视图平面，水平或垂直地移动照相机。激活【平移】工具后，在绘图窗口中按住鼠标左键并拖动即可平移视图，也可以同时按住 <Shift> 键和鼠标中键进行平移。

(3)【缩放】工具

【缩放】工具：可以动态地放大和缩小当前视图，调整相机与模型之间的距离和焦距。

激活【缩放】工具后，在绘图窗口的任意位置按住鼠标左键并上下拖动即可进行窗口缩放。向上拖动是放大视图，向下拖动是缩小视图，缩放的中心点是光标所在的位置。

滚动鼠标中键也可以进行窗口缩放，这是【缩放】工具的默认快捷操作方式，向前滚动是放大视图，向后滚动是缩小视图，光标所在的位置是缩放的中心点。

激活【缩放】工具后，如果双击绘图区的某处，则此处将在绘图区居中显示，这个技巧在某些时候可以省去使用【平移】工具的步骤。

在制作场景漫游的时候常常要调整视野。当激活【缩放】工具后，用户可以输入一个准确的值来设置透视或照相机的焦距。例如，输入 30deg 表示设置一个 30 度的视野，输入 45mm 表示设置一个 45mm 的照相机镜头。用户也可以在缩放的时候按住 <Shift> 键进行动态调整。

(4)【缩放窗口】工具

【缩放窗口】工具：允许用户选择一个矩形区域放大至全屏显示。

(5)【上一个】/【下一个】工具

这两个工具可以恢复视图的变更，【上一个】工具可以恢复到上一视图，【下一个】工具可以恢复到下一视图。

(6)【缩放范围】工具

【缩放范围】工具：用于使整个模型在绘图窗口中居中并全屏显示。

求生秘籍——技巧提示：

Q 提问：在绘图区双击鼠标中键，有哪些效果？

A 回答：如果使用鼠标中键双击绘图区的某处，会将该处旋转置于绘图区中心。这个技巧同样适用于【平移】工具和【缩放】工具。按住 <Ctrl> 键的同时旋转视图能使竖直方向的旋转更流畅。利用页面保存常用视图，可以减少【环绕观察】工具的使用。

知识链接：使用【漫游】工具栏查看

【漫游】工具栏包含了 3 个工具，分别为【定位镜头】工具、【漫游】工具和【正面观察】工具，如图 2-45 所示。

(1)【定位镜头】工具

【定位镜头】工具用于放置相机的位置，以控制视点的高度。放置了相机的位置后，在数值控制框中会显示视点的高度，

图 2-45　【漫游】工具栏

用户可以输入自己需要的高度。

【定位镜头】工具 ![icon] 有两种不同的使用方法。如果用户只需要大致的人眼视角的视图，使用鼠标单击方法就可以了。

鼠标单击：这个方法使用的是当前的视点方向，通过单击鼠标左键将相机放置在拾取的位置上，并设置相机高度为通常的视点高度。如果用户只需要人眼视角的视图，可以使用这种方法。

单击并拖动：这个方法可以让用户准确地定位照相机的位置和视线。激活【定位镜头】工具 ![icon] 后，单击鼠标左键不放，确定相机（人眼）所在的位置，然后拖动光标到需要观察的点再松开鼠标。

【定位镜头】工具 ![icon] 与【镜头】工具栏中的工具不同，在【镜头】工具栏中，工具的主体是视图，而【定位镜头】工具的主体是人，理解了这一点，用户可以更快地找到设置相机的方法。

在放置相机位置的时候，可以先使用【卷尺工具】工具 ![icon] 和数值控制框来绘制辅助线，这样有助于更精确地放置相机。

设置好相机后，会自动激活【正面观察】工具 ![icon] ，让用户可以从该点向四周观察。此时也可以再次输入不同的视点高度来进行调整。一般透视图视点高度设置为 0.8 ～ 1.6m。0.8m 的视点高度好比用儿童的视角看建筑，这样显得建筑比较宏伟壮观。

（2）【漫游】工具

【漫游】工具 ![icon] ：可以让用户像散步一样地观察模型，并且还可以固定视线高度，然后让用户在模型中漫步。只有在激活【透视显示】模式的情况下，该工具才有效。

激活【漫游】工具 ![icon] 后，在绘图窗口的任意位置单击鼠标左键，将会放置一个十字符号 ![icon] ，这是光标参考点的位置。如果按住鼠标左键不放并移动鼠标，向上、下移动分别是前进和后退，向左、右移动分别是左转和右转。距离光标参考点越远，移动速度越快。

另外，在很多大场景中，可以配合 <Ctrl> 键加快漫游速度，实现【快速奔跑】功能。如果在行走的过程中碰到了墙壁，光标会显示为 ![icon] ，表示无法通过，这时用户可以按住 <Alt> 键【穿墙而过】。

激活【缩放】工具 ![icon] 后（快捷键为 <A1t+Z> 组合键），用户可以输入准确的数值设置透视角度和焦距。例如输入（60deg）表示将视角设置为 60 度，输入 50mm 表示将相机焦距设置为 50mm。

相机焦距指的是从镜头的中心点到胶片平面上所形成的清晰影像之间的距离。以常用的 35mm 胶卷相机（也叫 135 相机）为例，标准镜头的焦距多为 40mm、50mm、55mm。以标准镜头的焦距为界，小于标准镜头焦距的称为广角镜头，大于标准镜头焦距的称为长焦镜头。

1）标准镜头。标准镜头的镜头焦距在 40 ～ 60mm 之间，标准镜头的视角约 50 度左右，这是人在头和眼睛不转动的情况下单眼所能看见的视角。从标准镜头中观察到的景物与人们平时所见的景物基本一致。

很多人喜欢用标准镜头做效果图，其实不然。人在观察建筑的时候，头和眼睛都会动，而且是双眼观察，视角会更大。另外，人观察建筑得到的图像并不像照相机那样简单，而是将观察得到的图像在大脑中处理过的全息图像。例如一个人进入一个房间，会自然地环顾四周，大脑中的图像是包含了整个房间的，并不会因为视角变大而产生透视变形。用一部傻瓜相机的取景窗观察一个建筑，与人眼观察作对比，可以发现两者还是有很大差别的，这里的关键是照相机模拟了人眼的构造，但无法模拟出人的大脑处理图像的能力。

2）广角镜头。广角镜头又称短焦距镜头，其摄影视角比较广，适用于拍摄距离近且范围大的景物，有时用来夸大前景表现，特点是远近感以及透视变形强烈，典型广角镜头的焦距为 28mm、视角为 27 度。常用的还有略长一些的 35mm、38mm 的所谓小广角。

比一般的广角镜头视角更大的是超广角镜头，例如焦距为 24mm、视角达到 84 度的镜头，以及鱼眼镜头，其焦距为 8mm、视角可达 180 度。焦距越短，视角越大，透视变形越强烈。过短的焦距会使建筑严重变形，造成视觉上的误解。

3）长焦镜头。长焦镜头又称为窄角镜头，适于拍摄远距离景物，相当于望远镜。长焦镜头通常分为 3 级，135mm 以下称为中焦距，例如焦距为 85mm、视角为 28 度或者焦距为 105mm、视角为 23 度，中焦距镜头经常用来拍摄人像，有时也称为人像镜头；135 ～ 500mm 称为长焦距，如焦距为 200mm、视角为 12 度或者焦距为 400mm、视角为 6 度；500mm 以上的称为超长焦距镜头，其视角小于 5 度，适于拍摄远处的景物（若无法靠近远处的物体，超长焦距镜头就会发挥极大的作用）。

焦距越长，视角越小，也就越能够将远处的物体拉近观察，同时透视也就越平缓，甚至趋近于立面效果。它的特点是景深小，视野窄，减弱画面的纵深和空间感，如果用来表现范围较大的场景环境，会产生类似于轴测图的效果。制作鸟瞰图的时候可以考虑使用长焦镜头。

经过长期实践，笔者建议在 SketchUp 中选择 28mm 左右的镜头焦距，这样既相对真实，又能表达建筑的宏伟挺拔。

（3）【正面观察】工具

【正面观察】工具 👁 以相机自身为支点旋转观察模型，就如同人转动脖子四处观看。该工具在观察内部空间时特别有用，也可以在放置相机后用来查看当前视点的观察效果。

【正面观察】工具 👁 使用方法比较简单，只需激活后单击鼠标左键不放并进行拖动即可观察视图。另外，通过数值控制框中输入数值，可以指定视点的高度。

求生秘籍——技巧提示

Q 提问：为什么在进行漫游行走的过程中，尽量不要按 <Shift> 键？

A 回答：因为如果按住 <Shift> 键上下移动鼠标左键，就会以改变视线的高度"上下飞行"。如果不小心改变了视线高度，在漫游过程中，用户可以随时在数值控制框中重新输入原来的视线高度值即可。

动手操练——漫游视图

视频教程——光盘主界面 / 第 2 章 /2.5.1

执行【漫游】命令主要有以下几种方式：

在菜单栏中，单击【视图】|【工具栏】|【漫游】命令。

单击【大工具集】工具栏中的【漫游】按钮。

打开"2-3.skp"图形文件，单击【镜头】|【透视图】
命令，如图 2-46 所示。

激活【定位镜头】工具 ，然后输入视线高度值
（1750mm），并按下 <Enter> 键确定，此时光标会变
为 ，如图 2-47 所示。

激活【正面观察】工具 ，调整视线的方向（上
下左右皆可，如同转动头部的效果），此时光标会变为
，如图 2-48 所示是向左移动的效果。

图 2-46 【镜头】菜单

激活【漫游】工具 ，接下来就可以实现漫游了。按住鼠标左键进行自由移动，就好
像在场景中自由行走一样，如图 2-49 所示。当然，这个过程也可以通过键盘上的方向键进
行控制，向上是前进，向下是后退，也可以左右移动，另外，在行走的过程中可以随时增加
页面，如图 2-50 所示。

图 2-47 【漫游】工具

图 2-48 正面观察漫游

第
2
章

图 2-49 鼠标左键漫游

图 2-50 增加页面

求生秘籍——专业知识精选：建筑方案设计

　　建筑方案设计一般应包括总平面、建筑、结构、给水排水、电气、采暖通风及空调、动力和投资估算等专业，除总平面和建筑专业应绘制图纸外，其他专业以设计说明简述设计内容，但当仅以设计说明还难以表达设计意图时，可以用设计简图进行表示。

知识链接：使用视图工具栏查看

　　【视图】工具栏中包含了 6 个工具，分别为【等轴】工具 、【俯视图】工具 、【主视图】工具 、【右视图】工具 、【后视图】工具 和【左视图】工具 ，如图 2-51 所示。

图 2-51 视图工具

切换到等轴视图后，SketchUp 会根据目前的视图状态生成接近于当前视角的等角透视图。另外，只有在【平行投影】模式（单击【镜头】|【平行投影】命令）下显示的等角透视才是正确的。如果要在【透视图】模式下打印或导出二维矢量图，传统的透视法则会起作用，输出的图不能设定缩放比例。

例如，虽然视图看起来是俯视图或等轴视图，但除非进入【平行投影】模式，否则是得不到真正的平面图和轴测图的（【平行投影】模式也叫【轴测】模式，在该模式下显示的是轴测图）。

动手操练 —— 使用视图工具栏查看模型

视频教程 —— 光盘主界面 / 第 2 章 /2.5.2

执行【视图】工具命令：

在菜单栏中，单击【视图】|【工具栏】|【视图】命令。

关于【透视图】和【平行投影】

（1）【透视图】模式

打开"2-4.skp"图形文件，【透视图】模式模拟的是人跟观察物体的方式，模型中的平行线会消失于远处的灭点，显示的物体会变形。在【透视图】模式下打印出的平面、立面及剖面图不能正确地反应长度和角度，且不能按照一定的比例打印。

SketchUp 的【透视图】模式是三点透视，当视线处于水平状态时，会生成两点透视图。两点透视的设置可以通过放置相机使视线水平；也可以在选定好一定角度后，单击【镜头】|【两点透视图】命令，这时绘图区会显示两点透视图，并可以直接在绘图中心显示，如图 2-52 所示。

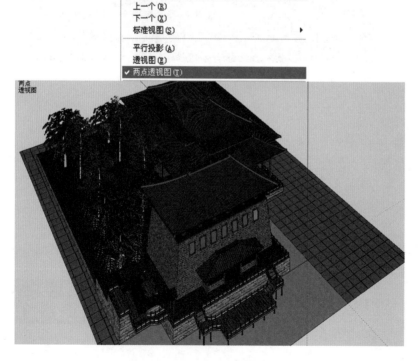

图 2-52 两点透视图

（2）【平行投影】模式

【平行投影】模式是模型的三向投影图。在【平行投影】模式中，所有平行线在绘图窗口中仍显示为平行，如图 2-53 所示。

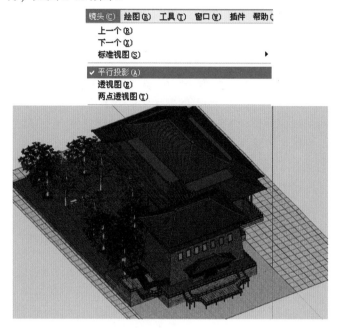

图 2-53 平行投影

建筑方案设计可以由业主直接委托有资格的设计单位进行设计，也可以采取竞选的方式进行设计。方案设计竞选可以采用公开竞选和邀请竞选两种方式。

知识链接： 查看模型的阴影

（1）阴影的设置

1）【阴影设置】对话框。在【阴影设置】对话框中可以控制 SketchUp 的阴影特性，包括时间、日期和实体的位置朝向。用户可以用页面来保存不同的阴影设置，以自动展示不同季节和时间段的光影效果。单击【窗口】｜【阴影】命令，即可弹出【阴影设置】对话框，如图 2-54 所示。

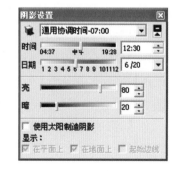

【显示 / 隐藏阴影】按钮：SketchUp 8 将旧版本中的【显示阴影】选项替换为此按钮，用于控制阴影的显示与隐藏。

图 2-54 【阴影设置】对话框

【通用协调时间】：又称世界统一时间、世界标准时间。

【隐藏 / 显示详细信息】按钮：该按钮用于隐藏或者显示扩展的阴影设置。

【时间】/【日期】：通过拖动滑块可以调整时间和日期，也可以在右侧的数值框中输入准确的时间和日期。阴影会随着日期和时间的调整而变化。

【亮】/【暗】：调节光线可以调节模型本身表面的光照强度，调节明暗可以调整模型及阴影的明暗程度。

【使用太阳制造阴影】：选中该复选框可以在不显示阴影的情况下，仍然按照场景中的光照来显示物体各表面的明暗关系。

【显示：在平面上/在地面上/起始边线】：选中【在平面上】复选框，则阴影会根据设置的光照在模型上产生投影，取消则不会在物体表面产生阴影；选中【在地面上】复选框，显示地面投影会集中使用到用户的 3D 图像硬盘，将导致操作变慢；选中【起始边线】复选框，可以从独立的边线设置投影，不适用于定义表面的线，一般用不到该选项。

2）【阴影】工具栏。单击【视图】|【工具栏】|【阴影】命令，弹出【阴影】对话框，在【阴影】对阴影的常用属性进行调整，例如调整时间和日期等，如图 2-55 所示。

图 2-55 【阴影】工具栏

（2）保存页面的阴影设置

利用页面标签可以启用【阴影设置】选项，保存当前页面的阴影设置，以便在需要的时候随时调用，如图 2-56 所示。

（3）阴影的限制与失真

1）透明度与阴影。使用透明材质的表面要么产生阴影，要么不产生阴影，不会产生部分遮光的效果。透明材质产生的阴影有一个不透明度的临界值，只有不透明度在 70% 以上的物体才能产生阴影，否则不能产生阴影。同样，只有完全不透明的表面才能接收投影，否则不能接收投影。

2）地面阴影。地面阴影是由面组成的，这些面会遮挡位于地平面（z 轴负方向）下面的物体，出现这种情况时，可将物体移至地面以上，如图 2-57 所示。也可以在产生地面阴影的位置创建一个大平面作为地面接收投影，并在【阴影设置】对话框中取消【在地面上】复选框的选择，如图 2-58 和图 2-59 所示。

图 2-56 【阴影设置】选项

3）阴影的导出。阴影本身不能和模型一起导出。所有二维矢量导出都不支持渲染特性，包括阴影、贴图和透明度等。能直接导出阴影的只有基于像素的光栅图像和动画。

4）阴影失真。有时，模型表面的阴影会出现条纹或光斑，这种情况一般与用户的 OpenGL 驱动有关。

SketchUp 的阴影特性对硬件系统要求较高，用户最好配置 100% 兼容 OpenGL 硬件加速的显卡。用户可以通过【系统使用偏好】对话框对 OpenGL 进行设置，如图 2-60 所示。

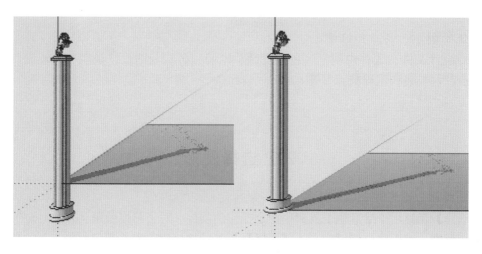

图 2-57　阴影 1

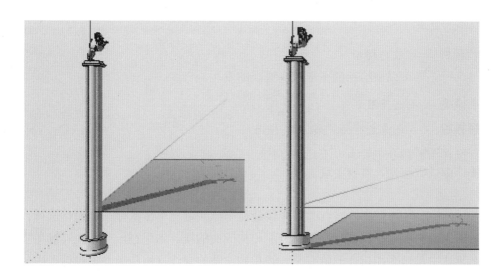

图 2-58　阴影 2

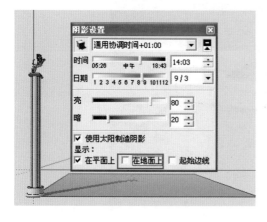

图 2-59　【阴影设置】对话框

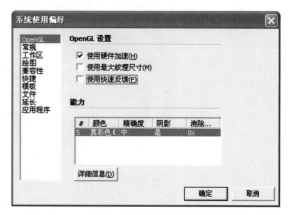

图 2-60　【系统使用偏好】对话框

求生秘籍 —— 专业知识精选

初步设计文件由设计说明书（包括设计总说明和各专业的设计说明书）、设计图纸、主要设备及材料表和工程概算书等 4 部分内容组成。

2.6 选择图形

知识链接： 选择图形

【选择】工具用于给其他工具命令指定操作的实体，对于习惯使用 AutoCAD 的人来说，可能会不习惯，建议将空格键定义为【选择】工具的快捷键，养成用完其他工具之后随手按一下空格键的习惯，这样就会自动进入选择状态。

使用【选择】工具选取物体的方式有 4 种：点选、窗选、框选以及使用鼠标右键关联选择。

求生秘籍 —— 技巧提示

精确选择图形可以使绘制的图形减少错误的发生。

动手操练 —— 选择图形

视频教程 —— 光盘主界面 / 第 2 章 /2.6

执行选择图形命令主要有以下几种方法：
点选、窗选、框选、右键关联选取

（1）点选

打开"2-5.skp"图形文件的点选方法就是在物体元素上单击鼠标左键进行选择，选择一个面时，如果双击该面，将同时选中这个面和构成面的线。如果在一个面上连续单击 3 次以上，那么将选中与这个面相连的所有面、线和被隐藏的虚线（组和组件不包括在内），如图 2-61 ～图 2-63 所示。

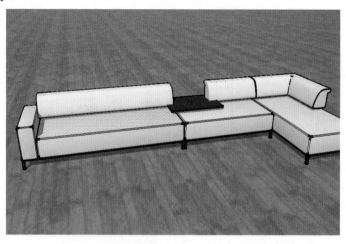

图 2-61 在面上单击

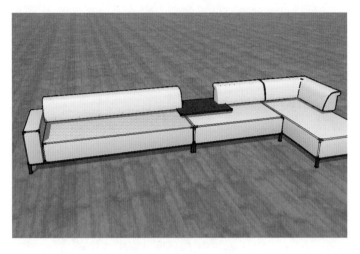

图 2-62 在面上双击

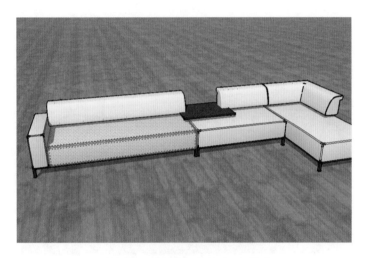

图 2-63 在面上连续 3 次单击

（2）窗选

窗选的方法为从左往右拖动鼠标，只有完全包含在矩形选框内的实体，才能被选中，选框是实线。例如用窗选的方法选择沙发的一半部分，如图 2-64 和图 2-65 所示。

（3）框选

框选的方法为从右往左拖动鼠标，这种方法选择的图形包括选框内和选框所接触的所有实体，选

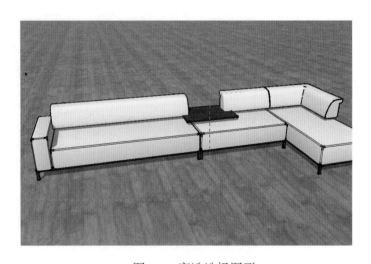

图 2-64 窗选选择图形

框呈虚线显示。例如用框选的方法选择沙发部分，如图 2-66 和图 2-67 所示。

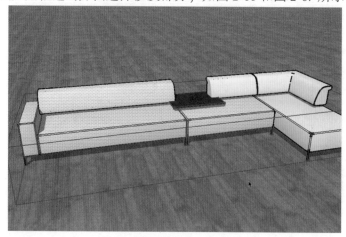

图 2-65 被选择部分

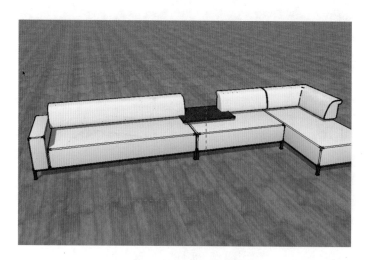

图 2-66 框选选择沙发部分

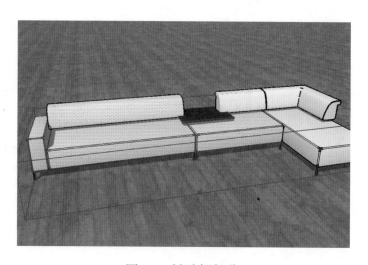

图 2-67 被选择部分

（4）右键关联选取

激活【选择】工具后，在某个物体元素上单击鼠标右键，在弹出的快捷菜单中，单击【选择】命令可以进行扩展选择，如图 2-68 所示。

图 2-68　【选择】命令

使用【选择】工具  并配合键盘上相应的按键也可以进行不同的选择。

激活【选择】工具 后，按住 <Ctrl> 键可以进行加选，此时鼠标的形状变为 。

激活【选择】工具 后，按住 <Shift> 键可以交替选择物体的加减，此时鼠标的形状变为 。

激活【选择】工具 后，同时按住 <Ctrl> 键和 <Shift> 键可以进行减选，此时鼠标的形状变为 。

如果要选择模型中的所有可见物体，除了单击【编辑】｜【全选】命令外，还可以使用 <Ctrl+A> 组合键。

用鼠标右键单击可以指定材质的表面，如果要选择的面在组或组件内部，则需要双击鼠标左键进入组或组件内部进行选择。用鼠标右键单击，在弹出的快捷菜单中单击【选择】｜【使用相同材质的所有项】命令，那么具有相同材质的面都会被选中，如图 2-69 和图 2-70 所示。

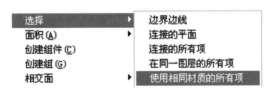

图 2-69　单击【使用相同材质的所有项】命令

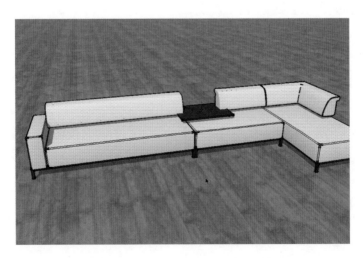

图 2-70　单击【使用相同材质的所有项】后的效果

初步设计文件的编排顺序为封面；扉页；初步设计文件目录；设计说明书；图纸；主要设备及材料表；工程概算书。

知识链接： 取消选择

如果要取消当前的所有选择，用户可以在绘图窗口的任意空白区域单击，也可以单击【编辑】|【全部不选】命令，或者按 <Ctrl+T> 组合键。

2.7 删除图形

知识链接： 删除图形

单击【擦除】工具 后，单击要删除的几何体即可将其删除。如果按住鼠标左键不放，然后在需要删除的物体上拖动，此时被选中的物体会呈高亮显示，松开鼠标左键即可全部删除。如果偶然选中了不需要删除的几何体，用户可以在删除之前按 <Esc> 键取消这次删除操作。当鼠标移动过快时，可能会漏掉一些线，这时只须重复拖动操作即可。

求生秘籍 —— 技巧提示

如果是要删除大量的线，更快的方法是先用【选择】工具 进行选择，然后按 <Delete> 键删除。

动手操练—— 删除图形

视频教程—— 光盘主界面 / 第 2 章 /2.7

执行【橡皮擦】命令主要有以下几种方式：
在菜单栏中，单击【工具】|【橡皮擦】命令。
直接按键盘上的 <E> 键。

单击【大工具集】工具栏中的【擦除】按钮 。
（1）隐藏边线

打开"2-6.skp"图形文件，使用【擦除】工具 的同时按住 <Shift> 键，将不再是删除几何体，而是隐藏边线，如图 2-71 和图 2-72 所示。
（2）柔化边线

使用【擦除】工具 的同时，按住 <Ctrl> 键，将不再是删除几何体，而是柔化边线，如图 2-73 和图 2-74 所示。

图 2-71　选择边线

图 2-72　隐藏边线

图 2-73　选择边线

图 2-74 柔化边线

（3）取消柔化效果

使用【擦除】工具 的同时，按住 <Ctrl> 键和 <Shift> 键，就可以取消柔化效果，如图 2-75 所示。

图 2-75 取消柔化效果

2.8 本章小结

本章主要介绍了 SketchUp 8 的向导及工作界面的相关内容，用户可以在绘图区中很方便地找到所需的工具。此外，本章还介绍了观察模型的方法以及选择删除模型的技巧和方法，这些都是用户在绘图过程中经常用到的。

第 3 章
绘制基本图形

本章导读

"工欲善其事，必先利其器"，在选择使用 SketchUp 软件创建模型之前，用户必须熟练掌握 SketchUp 的一些基本工具和命令，熟练掌握线、多边形、圆形、矩形等基本形体的绘制，熟练掌握通过推拉、缩放等基础命令生成三维体块等操作。

知识点 \ 学习目标	了解	理解	应用	实践
掌握绘制基本二维图形的方法	√	√	√	√
掌握绘制三维图形的方法	√	√	√	√
掌握编辑修改图形的方法	√	√	√	√
掌握照片在图形中的匹配方法	√	√	√	√

（学习要求）

3.1 绘制二维图形

知识链接：【矩形】工具

【矩形】工具 ▇ 通过指定矩形的对角点来绘制矩形表面，如图 3-1 所示。

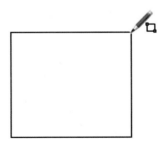

图 3-1 绘制矩形 1

求生秘籍 —— 技巧提示

没有输入单位时，ShetchUp 会使用当前默认的单位。

动手操练——创建矩形

视频教程——光盘主界面 / 第 3 章 /3.1.1

执行【矩形】命令主要有以下几种方式:

在菜单栏中,单击【绘图】|【矩形】命令。

直接按键盘上的 <R> 键。

单击【大工具集】工具栏中的【矩形】按钮■。

在绘制矩形时,如果出现了一条虚线,并且带有【方线帽】提示,则说明绘制的为正方形;如果出现【金色截面】的提示,则说明绘制的是带黄金分割的矩形,如图 3-2 所示。

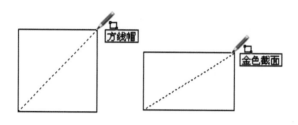

图 3-2 绘制矩形 2

如果要使绘制的矩形不与默认的绘图坐标轴对齐,用户可以在绘制矩形前使用【坐标轴】工具■重新放置坐标轴。

绘制矩形时,它的尺寸会在数值控制框中动态显示,用户可以在确定第一个角点或者绘制完矩形后,通过键盘输入精确的尺寸。除了输入数值外,用户还可以输入相应的单位,例如英制或公制等单位,如图 3-3 所示。

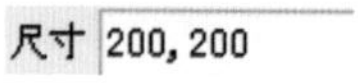

尺寸 200,200

图 3-3 数值输入框

知识链接:【线条】工具

【线】工具✏可以用来绘制单段直线、多段连接线和闭合的形体,也可以用来分割表面或修复被删除的表面。同【矩形】工具■一样,使用【线】工具✏绘制线时,线的长度会在数值输入框中显示,用户可以在确定线段终点之前或者完成绘制后输入一个精确的长度值,如图 3-4 所示。

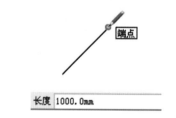

长度 1000.0mm

图 3-4 使用【线】工具绘制直线

求生秘籍——技巧提示

Q 提问:如何绘制一条直线,使该直线的起点在已有面的延伸面上?

A 回答:在绘制直线的时候将光标指向已有的参考面(注意:不必单击),当出现"在表面上"的提示后,按住 <shift> 键,同时移动光标到需要绘制直线的地方并单击,然后松开 <shift> 键绘制直线即可。

动手操练——创建线条

视频教程——光盘主界面 / 第 3 章 /3.1.2

执行【线条】命令主要有以下几种方式：

在菜单栏中，单击【绘图】|【线条】命令。

直接按键盘上的 <L> 键。

单击【大工具集】工具栏中的【线】按钮 。

绘制 3 条以上的共面线段首尾相连就可以创建一个面，在闭合一个表面时，可以看到【端点】提示。如果是在着色模式下，用户成功创建一个表面后，新的面就会显示出来，如图 3-5 所示。

如果在一条线段上拾取一点作为起点绘制直线，那么这条新绘制的直线会自动将原来的

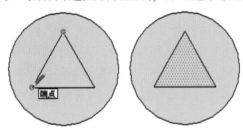

图 3-5 在面上绘制线

线段从拾取点处断开，如图 3-6 所示。

如果要分割一个表面，用户只须绘制一条端点位于表面周长上的线段即可，如图 3-7 所

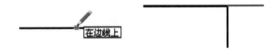

图 3-6 拾取点绘制直线

示。

有时，交叉线不能按照用户的需要进行分割，例如分割线没有绘制在表面上。在打开轮

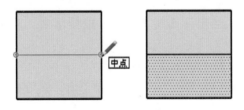

图 3-7 绘制直线分割面 1

廓线的情况下，所有不是表面周长上的线都会显示为较粗的线。如果出现这样的情况，用户可以使用【线】工具 在该线上绘制一条新的线来进行分割。SketchUp 会重新分析几何体并整合这条线，如图 3-8 所示。

在 SketchUp 中绘制直线时，除了可以输入长度外，用户还可以输入线段终点的准确空间坐标，输入的坐标有两种，一种是绝对坐标，另一种是相对坐标。

绝对坐标：用中括号输入一组数字，表示以当前绘图坐标轴为基准的绝对坐标，格式为【x/y/z】。

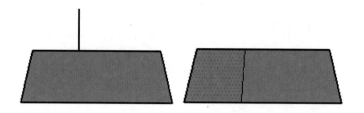

图 3-8 绘制直线分割面 2

相对坐标：用尖括号输入一组数字，表示相对于线段起点的坐标，格式为 <x/y/z>。

利用 SketchUp 强大的几何体参考引擎，用户可以使用【线】工具 ✏️ 直接在三维空间中绘制图形。在绘图窗口中显示的参考点和参考线，表达了要绘制的线段与模型中几何体的精确对齐关系，例如【平行】或【垂直】等；如果要绘制的线段平行于坐标轴，那么线段会以坐标轴的颜色高亮显示，并显示【在红色轴上】、【在绿色轴上】或【在蓝色轴上】的提示，如图 3-9 所示。

图 3-9 绘制直线

有时，SketchUp 不能捕捉到需要的对齐参考点，这是因为捕捉的参考点可能受到了别的几何体干扰，这时可以按住 <shift> 键来锁定需要的参考点。例如，将光标移动到一个表面上，当显示【在表面上】的提示后按住 <shift> 键，此时线条会变粗，并锁定在这个表面所在的平面上，如图 3-10 所示。

在已有面的延伸面上绘制直线的方法是将光标指向已有的参考面（注意：不必单击），当出现【在表面上】的提示后，按住 <shift> 键的同时移动鼠标到需要绘线的地方并单击，然后松开 <shift> 键绘制直线即可，如图 3-11 和图 3-12 所示。

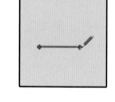

图 3-10 绘制粗直线

线段可以等分为若干段。先在线段上用鼠标右键单击，然后在弹出的快捷菜单中单击【拆分】命令，接着移动鼠标，系统将自动参考不同等分段数的等分点（也可以直接输入需要拆分的段数），完成等分后，单击线段查看，可以看到线段被等分

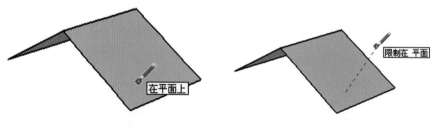

图 3-11 在平面上   图 3-12 移动鼠标

成几个小段，如图 3-13 所示。

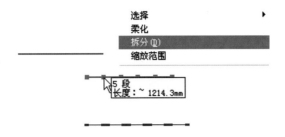

图 3-13 拆分直线

求生秘籍 —— 专业知识精选

建筑设计往往在建筑地点、建筑类型及建筑造价 3 者决定之间进行。因此，建筑设计是对于环境、用途和经济上的条件和要求加以运筹调整和具体化的过程。这种过程不但有其实用价值，而且有其精神价值，因为为任何一种社会活动所创造的空间布置将影响到人们在其中活动的方式。

知识链接：【圆】工具

【圆】工具用于绘制圆，激活该工具后，光标处会出现一个圆，单击即可确定圆心，然后移动鼠标可以调整圆的半径（半径值会在数值输入框中动态显示，用户也可以直接输入一个半径值），接着再次单击即可完成圆的绘制，如图 3-14 所示。

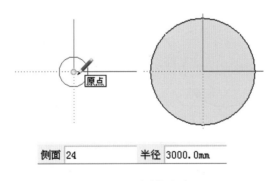

图 3-14 绘制圆形

求生秘籍 —— 技巧提示

使用【圆】工具绘制的圆，实际上是由直线段围合而成的。圆的边线段数较多时，外观看起来就比较平滑。但是，较多的边线段数会使模型变得更大，从而降低系统性能。其实，较小的片段数值结合柔化边线和平滑表面也可以取得圆润的几何体外观。

动手操练——创建圆

视频教程——光盘主界面 / 第 3 章 /3.1.3

执行【圆】命令主要有以下几种方式：

在菜单栏中，单击【绘图】|【圆】命令。

直接按键盘上的 <C> 键。

单击【大工具集】工具栏中的【圆】按钮 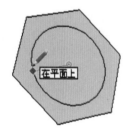。

如果要将圆绘制在已经存在的表面上，用户可以将光标移动到那个面上，SketchUp 会自动将圆进行对齐，如图 3-15 所示。用户也可以在激活【圆】工具后，移动光标至某一表面，当出现【在表面上】的提示时，按住 <Shift> 键的同时，移动光标到其他位置绘制圆，那么这个圆会被锁定在与刚才那个表面平行的面上，如图 3-16 所示。

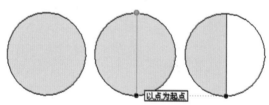

图 3-15 在平面上绘制圆　　　　　图 3-16 移动绘制平面

一般完成圆的绘制后便会自动封面。如果将面删除，就会得到圆形边线。对于想要对单独的圆形边线进行封面，用户可以使用【直线】工具 连接圆上的任意两个端点，如图 3-17 所示。

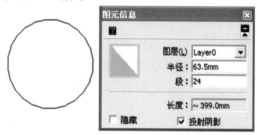

图 3-17 对单独的圆形边线进行封面

单击鼠标右键，在弹出的快捷菜单中单击【图元信息】命令，弹出【图元信息】对话框，在该对话框中可以修改圆的参数，其中【半径】表示圆的半径、【段】表示圆的边线段数、【长度】表示圆的周长，如图 3-18 所示。

图 3-18 【图元信息】对话框

修改圆或圆弧的半径的方法如下：

第 1 种：在圆的边上单击鼠标右键（注意：是边而不是面），然后在弹出的快捷菜单中单击【图元信息】命令，接着修改【半径】参数即可。

第 2 种：使用【缩放】工具 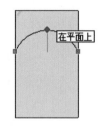 进行缩放（具体的操作方法在后面会进行详细的讲解）。

修改圆的边数的方法如下：

第 1 种：激活【圆】工具，并且在还没有确定圆心前，在数值输入框内输入边的数值（例如输入 5），然后再确定圆心和半径。

第 2 种：完成圆的绘制后，在开始下一个命令之前，在数值输入框内输入【边数 S】的数值（例如输入 10S）。

第 3 种：在【图元信息】对话框中修改【段】的数值，方法与上述修改半径的方法相似。

求生秘籍 —— 专业知识精选

民用建筑是供人们生活、居住、从事各种文化福利活动的房屋。按其用途不同分为以下两类：①居住建筑。供人们生活起居用的建筑物，如住宅、宿舍、宾馆、招待所。②公共建筑。供人们从事社会性公共活动的建筑和各种福利设施的建筑物，如学校、图书馆、影剧院等。

工业建筑是供人们从事各类工业生产活动的各种建筑物、构筑物的总称。通常将这些生产用的建筑物称为工业厂房。工业建筑包括车间、变电站、锅炉房、仓库等。

知识链接：【圆弧】工具

【圆弧】工具用于绘制圆弧实体，圆弧是由多个直线段连接而成的，但可以像圆弧曲线那样进行编辑。

在绘制圆弧时，单击确定圆弧的起点，再次单击确定圆弧的终点，然后通过移动鼠标调整圆弧的凸出距离（也可以输入确切的圆弧的弦长、凸距、半径和段数），如图 3-19 所示。

图 3-19 绘制圆弧

求生秘籍 —— 技巧提示

绘制弧线（尤其是连续弧线）时，用户常常会找不准方向，可以通过设置辅助面，然后在辅助面上绘制弧线来解决。

动手操练 —— 创建圆弧

视频教程 —— 光盘主界面 / 第 3 章 /3.1.4

执行【圆弧】命令主要有以下几种方式：

在菜单栏中，单击【绘图】|【圆弧】命令。

直接按键盘上的 < A > 键。

单击【大工具集】工具栏中的【圆弧】按钮 。

绘制圆弧，调整圆弧的凸出距离时，圆弧会临时捕捉到半圆的参考点，如图 3-20 所示。

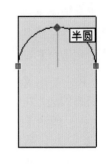

在绘制圆弧时，数值输入框首先显示的是圆弧的弦长，然后是圆弧的凸出距离，用户可以输入数值来指定弦长和凸距。圆弧的半径和段数的输入需要专门的格式。

（1）指定弦长

单击确定圆弧的起点后，用户就可以输入一个数值来确定圆弧的弦长。数值输入框显示为【长度】，输入目标长度。也可以输入负值，表示要绘制的圆弧在当前方向的反向位置，例如（－1.0）。

图 3-20 半圆的参考点

（2）指定凸出距离

输入弦长以后，数值输入框将显示【距离】，输入要凸出的距离，负值的凸距表示圆弧往反向凸出。如果要指定圆弧的半径，用户可以在输入的数值后面加上字母 r（例如 2r），然后确认（可以在绘制圆弧的过程中或完成绘制后输入）。

（3）指定段数

要指定圆弧的段数，用户可以输入一个数字，然后在数字后面加上字母 s（例如 8s），接着单击进行确认。输入段数可以在绘制圆弧的过程中或完成绘制后输入。

使用【圆弧】工具可以绘制连续圆弧线，如果弧线以青色显示，则表示与原弧线相切，出现的提示为【在顶点处相切】，如图 3-21 所示。绘制好这样的异形弧线以后，可以进行推拉，形成特殊形体，如图 3-22 所示。

图 3-21 绘制圆弧

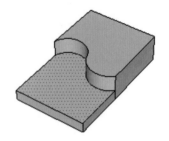

图 3-22 推拉绘图

用户可以利用【推／拉】工具推拉带有圆弧边线的表面，推拉的表面成为圆弧曲面系统。虽然曲面系统可以像真的曲面那样显示和操作，但其实际上是一系列平面的集合。

求生秘籍—— *专业知识精选*

容积率是项目总建筑面积与总用地面积的比值，一般用小数表示。

知识链接：【多边形】工具

【多边形】工具可以绘制 3 条边以上的正多边形实体，其绘制方法与绘制圆形的方法相似。

求生秘籍 —— 技巧提示

绘制弧线（尤其是连续弧线）的时候常常会找不准方向，用户可以通过设置辅助面，然后在辅助面上绘制弧线来解决。

动手操练——创建多边形

视频教程——光盘主界面 / 第 3 章 /3.1.5

执行【多边形】命令主要有以下几种方式：

在菜单栏中，单击【绘图】｜【多边形】命令。

单击【大工具集】工具栏中的【多边形】按钮▽。

单击【多边形】按钮▽，在数值控制框中输入 8，然后单击鼠标左键确定圆心的位置，移动鼠标调整圆的半径，可以直接输入一个半径，再次单击鼠标左键确定完成绘制，创建的多边形，如图 3-23 所示。

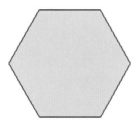

图 3-23 创建的多边形

求生秘籍 —— 专业知识精选

建筑密度是项目总占地基地面积与总用地面积的比值，一般用百分数表示。

知识链接：【徒手画】工具

【徒手画】工具 ✎ 可以绘制不规则的共面的连续线段或简单的徒手草图物体，常用于绘制等高线或有机体，如图 3-24 所示。

图 3-24 【徒手画】工具（一）

求生秘籍 —— 专业知识精选

绿地率是项目绿地总面积与总用地面积的比值，一般用百分数表示。

动手操练 —— 创建徒手画工具

视频教程 —— 光盘主界面 / 第 3 章 /3.1.6

执行【徒手画】命令主要有以下两种方式：

在菜单栏中，单击【绘图】｜【徒手画】命令。

单击【大工具集】工具栏中的【徒手画】按钮 。

曲线可放置在现有的平面上，或与现有的几何图形相独立（与轴平面对齐）。要绘制曲线，必须选用【徒手画】工具。光标变为一支带曲线的铅笔，单击并按住鼠标左键放置曲线的起点，拖动光标开始绘图，如图 3-25 所示。

松开鼠标左键停止绘图。如果将曲线终点设在绘制起点处即可绘制闭合形状，如图 3-26 所示。

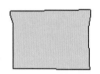

图 3-25 【徒手画】工具（二）　　　　图 3-26 使用【徒手画】工具完成绘制

 求生秘籍 —— 专业知识精选

日照间距是指前后两栋建筑之间根据日照时间要求所确定的距离。日照间距的计算，一般以冬至这一天正午正南方向，房屋底层窗台以上的墙面能被太阳照到的高度为依据。

3.2 绘制三维图形

知识链接：【推／拉】工具

【推／拉】工具 可以用来扭曲和调整模型中的表面，不管是进行体块编辑还是精确建模，该工具都是非常有用的，如图 3-27 所示。

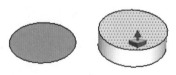

图 3-27 【推／拉】工具 1

求生秘籍 —— 技巧提示

【推／拉】工具只能作用于表面，因此不能在【线框显示】模式下工作。按住 < Alt > 键的同时进行推拉可以使物体变形，也可以避免推拉出不需要的模型。

动手操练 —— 创建推／拉工具

视频教程 —— 光盘主界面 / 第 3 章 /3.2.1

执行【推／拉】命令主要有以下几种方式：

在菜单栏中，单击【绘图】|【推／拉】命令。

直接按键盘上的 < P > 键。

单击【大工具集】工具栏中的【推／拉】按钮。

根据推拉对象的不同，SketchUp 会进行相应的几何变换，包括移动、挤压和挖空。【推／拉】工具可以完全配合 SketchUp 的捕捉参考进行使用。使用【推／拉】工具推拉平面时，推拉的距离会在数值控制框中显示。用户可以在推拉的过程中或完成推拉后输入精确的数值进行修改，在进行其他操作之前可以一直更新数值。如果输入的是负值，则表示将往当前的反方向推拉。

【推／拉】工具的挤压功能可以用来创建新的几何体，如图 3-28 所示。用户可以使用【推／拉】工具对几乎所有表面进行挤压（不能挤压曲面）。

【推／拉】工具还可以用来创建内部凹陷或挖空的模型，如图 3-29 所示。

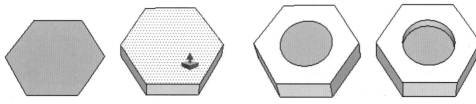

图 3-28 【推／拉】工具 2　　　　　　图 3-29 【推／拉】工具 3

使用【推／拉】工具并配合键盘上的按键可以进行一些特殊的操作。配合 <Alt> 键可以强制表面在垂直方向上推拉，若不使用【推／拉】工具，则会挤压出多余的模型，如图 3-30 所示。

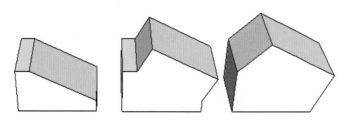

图 3-30 【推／拉】工具的对比

配合 <Ctrl> 键可以在推拉的时候生成一个新的面（按下 <Ctrl> 键后，光标的右上角会出现一个【+】号），如图 3-31 所示。

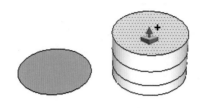

图 3-31 【推 / 拉】工具的不同用法

SketchUp 还没有像 3ds Max 那样有多重合并然后进行拉伸的命令。但有一个变通的方法，就是在拉伸第一个平面后，在其他平面上进行双击就可以拉伸同样的高度，如图 3-32 至图 3-34 所示。

也可以同时选中所有需要拉伸的面，然后使用【推 / 拉】工具进行拉伸，如图 3-35 和图 3-36 所示。

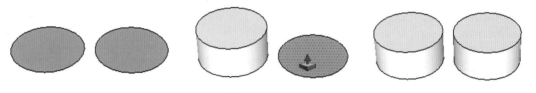

图 3-32 绘制圆　　　　　图 3-33 在平面上进行双击　　　　　图 3-34 推拉高度相同

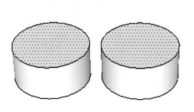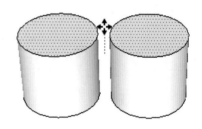

图 3-35 同时选中面　　　　　　　　图 3-36 同时向上拉伸

求生秘籍 —— 专业知识精选

凡供人们在其中进行生产、生活或其他活动的房屋或场所都叫做建筑物，如公寓、厂房、学校等；而人们不在其中生产或生活的建筑，则叫做构筑物，如烟囱、水塔、桥梁等。

知识链接：物体的【移动】/【复制】

【移动】工具 可以移动、拉伸和复制几何体，也可以用来旋转组件，此外，移动工具的扩展功能也非常有用。

求生秘籍 —— 技巧提示

使用移动工具移动曲面，只能整体移动。

动手操练——物体的移动

视频教程——光盘主界面 / 第 3 章 / 3.2.2

执行【移动】命令主要有以下几种方式：

在菜单栏中，单击【工具】│【移动】命令。

直接按键盘上的 <M> 键。

单击【大工具集】工具栏中的【移动】按钮 ✳️。

使用【移动】工具 ✳️ 移动物体的方法非常简单，只须选择需要移动的元素或物体，然后激活【移动】工具 ✳️，接着移动鼠标即可。在移动物体时，界面中会出现一条参考线；另外，在数值控制框中会动态显示移动的距离（也可以输入移动数值或者三维坐标值进行精确移动）。

在进行移动操作之前或移动的过程中，用户可以按住 <shift> 键来锁定参考。这样可以避免参考捕捉受到其他几何体的干扰。

在移动对象的同时按住 <Ctrl> 键就可以复制选择的对象（按住 <Ctrl> 键后，鼠标指针右上角会出现一个【+】号）。

完成一个对象的复制后，如果在数值控制框中输入 2／，会在复制间距内等距离复制 1 份；如果输入 2* 或 2×，将会以复制的间距阵列两份，如图 3-37 所示。

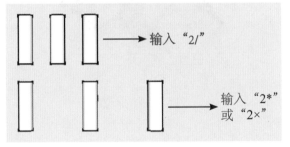

图 3-37　复制

打开 "3-1.skp" 图形文件，当移动几何体上的一个元素时，SketchUp 会按需要对几何体进行拉伸。用户可以用这个方法移动点、边线和表面，如图 3-38 所示。也可以通过移动线段来拉伸一个物体。

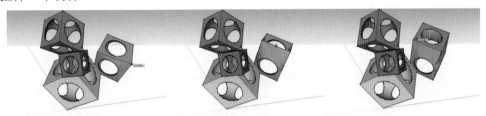

图 3-38　【移动】工具

使用【移动】工具 的同时按住 < AIt > 键可以强制拉伸线或面，生成不规则几何体，也就是 SketchUp 会自动折叠这些表面，如图 3-39 所示。

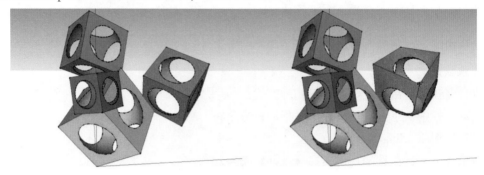

图 3-39 强制拉伸线或面

在 SketchUp 中，可以编辑的点只存在于线段和弧线两端，以及弧线的中点。用户可以使用【移动】工具 进行编辑，在激活此工具前不要选中任何对象，直接捕捉即可，如图 3-40 所示。

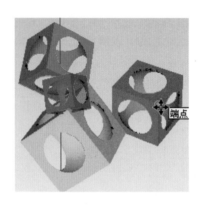

图 3-40 捕捉点

求生秘籍 —— 专业知识精选

为编制初步设计文件，用户应进行必要的内部作业，有关的计算书、计算机辅助设计的计算资料、方案比较资料、内部作业草图、编制概算所依据的补充资料等，均须妥善保存。

知识链接： 物体的 【旋转】

【旋转】工具 可以在同一平面上旋转物体中的元素，也可以旋转单个或多个物体。使用【旋转】工具 旋转某个元素或物体时，光标会变成一个【旋转量角器】，可以将【旋转量角器】放置在边线或表面上，然后单击鼠标左键拾取旋转的起点，并移动鼠标开始旋转，当旋转到需要的角度后，再次单击鼠标左键完成旋转操作，如图 3-41 所示。

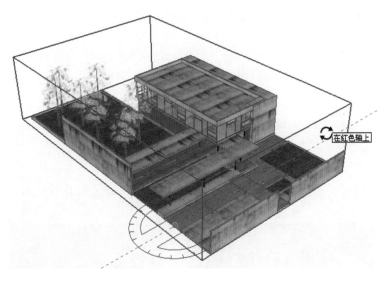

图 3-41 【旋转】工具

求生秘籍——技巧提示

当旋转导致一个表面被扭曲或变成非平面时，将激活 SketchUp 的自动折叠功能。

动手操练——物体的旋转

视频教程——光盘主界面 / 第 3 章 /3.2.3

执行【旋转】命令主要有以下几种方式:

在菜单栏中，单击【工具】|【旋转】命令。

直接按键盘上的 <Q> 键。

单击【大工具集】工具栏中的【旋转】按钮 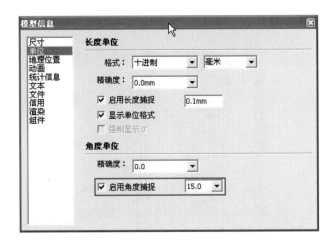。

打开"3-2.skp"图形文件，利用 SketchUp 的参考提示可以精确定位旋转中心。如果选中了【启用角度捕捉】复选框，图形将会根据设置好的角度进行旋转，如图 3-42 所示。

图 3-42 【模型信息】对话框

使用【旋转】工具 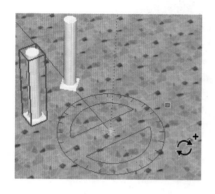 并配合 <Ctrl> 键可以在旋转的同时复制物体。例如在完成一个圆柱体的旋转复制后，如果在数值控制框中输入 6* 或者 6× 就可以按照上一次的旋转角度将圆柱体复制 6 个，即一共存在 7 个圆柱体，如图 3-43 所示；如果在完成圆柱体的旋转复制后，输入 2／，那么就可以按照上一次的旋转角度将再复制 2 个，即一共存在 3 个圆柱体，如图 3-44 所示。

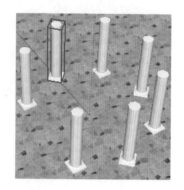

图 3-43 旋转复制 1

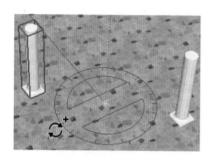
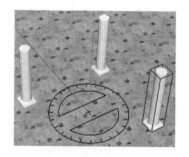

图 3-44 旋转复制 2

使用【旋转】工具 只旋转某个物体的一部分，可以将该物体进行拉伸或扭曲，如图3-45所示。

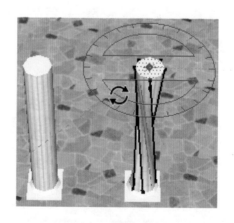

图 3-45 旋转扭曲

当物体对象是组或者组件时，如果激活【移动】工具 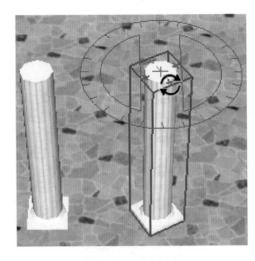（激活前不要选择任何对象），并将光标指向组或组件的一个面上，那么该面上会出现 4 个红色的标记点，移动鼠标光标至一个标记点上，界面上会出现红色的旋转符号，此时就可直接在这个平面上让物体绕自身轴旋转，并且可以在数值控制框中输入需要旋转的角度值，而不需要使用【旋转】工具，如图 3-46 所示。

图 3-46　旋转模型

知识链接：图形的【跟随路径】

SketchUp 中的【跟随路径】工具类似于 3ds Max 中的【放样】命令，可以将截面沿已知路径放样，从而创建复杂几何体。

求生秘籍——技巧提示

为了使【跟随路径】工具从正确的位置开始放样，在放样开始时，用户必须单击邻近剖面的路径。否则，【跟随路径】工具会在边线上挤压，而不是从剖面到边线。

动手操练——图形的跟随路径

视频教程——光盘主界面 / 第 3 章 /3.2.4

执行【跟随路径】命令主要有以下两种方式：
在菜单栏中，单击【工具】|【跟随路径】命令。
单击【大工具集】工具栏中的【跟随路径】按钮。

1. 沿路径手动挤压成面

（1）确定需要修改的几何体的边线，这个边线就叫"路径"。

（2）绘制一个沿路径放样的剖面，确定此剖面与路径垂直相交，如图 3-47 所示。

（3）使用【跟随路径】工具单击剖面，然后沿路径移动鼠标，此时边线会变成红色，如图 3-48 所示。

（4）移动鼠标到达路径的尽头时，单击鼠标完成操作，如图 3-49 所示。

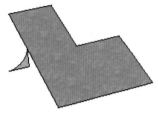

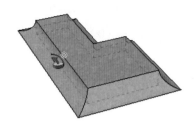

图 3-47 绘制剖面　　　图 3-48 绘制跟随路径 1　　　图 3-49 绘制跟随路径 2

2. 预先选择连续边线路径

使用【选择】工具预先选择路径，可以帮助【跟随路径】工具 沿正确的路径放样。

（1）选择连续的边线，如图 3-50 所示。

（2）激活【跟随路径】工具 ，如图 3-51 所示。

（3）单击剖面即可完成。该面将会一直沿预先选定的路径进行挤压，如图 3-52 所示。

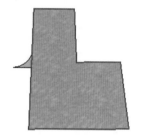
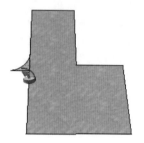
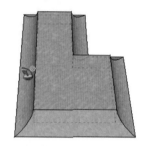

图 3-50 选择边线　　　图 3-51 激活【跟随路径】工具 1　　　图 3-52 完成绘制剖面

3. 自动沿某个面路径挤压

（1）选择一个与剖面垂直的面，如图 3-53 所示。

（2）激活【跟随路径】工具 ，并按住 < Alt > 键，然后单击剖面，该面将会自动沿设定面的边线路径进行挤压，如图 3-54 所示。

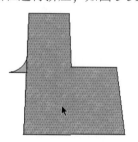

图 3-53 选择面　　　图 3-54 激活【跟随路径】工具 2

4. 创建球体

创建球体的方法与上述类似，首先绘制两个互相垂直的同样大小的圆，然后将其中的一个圆的面删除只保留边线，接着选择这条边线，并激活【跟随路径】工具 ，最后单击平面圆的面，生成球体，如图 3-55 所示。

　　椭圆球体的创建跟球体类似，只是将截面改为椭圆形即可。另外，如果将圆面的位置偏移，就可以创建出一个圆环体，如图 3-56 所示。

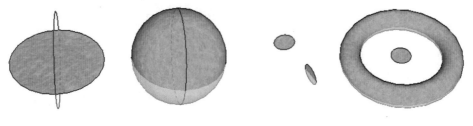

图 3-55 绘制球体　　　　　　　　　　　图 3-56 绘制圆环

　　在放样球面的过程中，由于路径线与截面相交，导致放样的球体被路径线分割。其实只要在创建路径和截面时，不让它们相交，即可生成无分割线的球体，如图 3-57 所示。

　　对于样条线在一个面上的情况，使用沿面放样方法创建锥体非常方便，如图 3-58 所示。

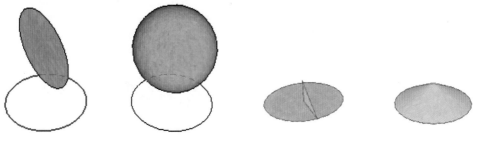

图 3-57 绘制无分割线的球体　　　　　　图 3-58 绘制锥体

　　求生秘籍——专业知识精选

　　初步设计文件深度应满足的审批要求包括：①应符合已审定的设计方案；②能据此确定土地征用范围；③能据此准备主要设备及材料；④应提供工程设计概算，作为审批确定项目投资的依据；⑤能据此进行施工图设计；⑥能据此进行施工准备。

　　知识链接： 物体的【拉伸】

　　使用【拉伸】工具 可以缩放或拉伸选中的物体，方法是在激活【拉伸】工具 后，通过移动缩放夹点来调整所选几何体的大小，不同的夹点支持不同的操作。在拉伸时，数值控制框会显示缩放比例，用户也可以在完成缩放后输入一个数值，数值的输入方式有 3 种。

　　1. 输入缩放比例

　　直接输入不带单位的数字，例如 2.5 表示缩放 2.5 倍、−2.5 表示往夹点操作方向的反方向缩放 2.5 倍。缩放比例不能为 0。

　　2. 输入尺寸长度

　　输入一个数值并指定单位，例如，输入 2m 表示缩放到 2 米。

3. 输入多重缩放比例

一维缩放需要一个数值；二维缩放需要两个数值，用逗号隔开；等比例的三维缩放也只需要一个数值，但非等比的三维缩放需要 3 个数值，分别用逗号隔开。

上面提到，不同的夹点支持不同的操作，这是因为有些夹点用于等比缩放，有些则用于非等比缩放（即一个或多个维度上的尺寸以不同的比例缩放，非等比缩放也可以看做拉伸）。

图 3-59 显示了所有可能用到的夹点，有些隐藏在几何体后面的夹点在光标经过时就会显示出来，而且也是可以操作的。当然，用户也可以打开【X 光模式】（即选择【窗口】│【样式】命令，打开【编辑】选项卡，单击【平面设置】按钮，单击【以 X 射线模式显示】按钮），这样就可以看到隐藏的夹点了。

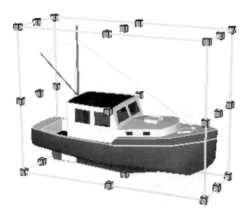

图 3-59 夹点分布

求生秘籍 —— 技巧提示

建议用户应先选中物体，再激活【拉伸】工具，如果直接激活【拉伸】工具，将只能在一个元素上进行【缩放】操作。

动手操练——物体的拉伸

视频教程——光盘主界面 / 第 3 章 / 3.2.5

执行【拉伸】命令主要有以下几种方式：

在菜单栏中，单击【工具】│【调整大小】命令。

直接按键盘上的 < S > 键。

单击【大工具集】工具栏中的【拉伸】按钮。

打开 "3-3.skp" 图形文件，下面对各种类型的夹点进行讲解。

对角夹点：移动对角夹点可以使几何体沿对角方向进行等比缩放，缩放时在数值控制框中显示的是缩放比例，如图 3-60 所示。

边线夹点：移动边线夹点可以同时在几何体对边的两个方向上进行非等比缩放，几何体将变形，缩放时在数值控制框中显示的是两个用逗号隔开的数值，如图 3-61 所示。

表面夹点：移动表面夹点可以使几何体沿着垂直面的方向在一个方向上进行非等比缩放，几何体将变形，缩放时在数值控制框中显示的是缩放比例，如图 3-62 所示。

图 3-60 对角夹点

图 3-61 边线夹点

图 3-62 表面夹点

二维图形也可以进行缩放，并且可以利用缩放表面来构建特殊形体，如柱台和锥体等。在缩放表面时，按住 <Ctrl> 键就可以对表面进行中心缩放，如图 3-63 所示。

图 3-63 中心缩放

夹点缩放默认以所选夹点的对角夹点作为缩放的基点。但是，用户可以在缩放时配合键盘上的按键进行特殊缩放，例如上面提到的方法：按住 <Ctrl> 键进行中心缩放。

如果是配合 <Shift> 键进行夹点缩放，那么原本默认的等比缩放将切换为非等比缩放，而非等比缩放将切换为等比缩放。

如果是配合 <Ctrl> 键和 <Shift> 键进行夹点缩放，那么所有夹点的缩放方式将改为中心缩放，同时，这些夹点原本的缩放方式将相反。例如对角夹点的默认缩放方式为等比缩放，如果按住 <Ctrl> 键和 <Shift> 键进行缩放，那么缩放方式将变为中心非等比缩放。

使用【缩放】工具，还可以镜像物体，只须往反方向拖动缩放夹点即可，也可以通过输入数值完成缩放，例如输入负值的缩放比例（−1，−1.5，−2），如果大小不变，只须移动一个夹点，输入 −1 就将物体进行镜像。

有一点需要注意，缩放普通的几何体与缩放组件和群组是不同的。如果是在组件外对整个组件进行外部缩放，那么并不会改变它的属性定义，因为这只是缩放了该组件的一个关联组件而已，该组件的其他关联组件会保持不变。而如果在组件内部进行缩放，就会修改组件的定义，从而所有关联组件都会被相应地缩放。

求生秘籍 —— 专业知识精选

施工图设计是根据已批准的初步设计或设计方案编制的可供进行施工和安装的设计文件。施工图设计内容以图纸为主，应包括封面、图纸目录、设计说明（或首页）、图纸、工程预算等。

知识链接： 图形的【偏移】复制

打开"3-3.skp"图形文件，使用【偏移】工具可以对表面或一组共面的线进行偏移，用户可以将对象偏移到内侧或外侧，偏移之后会产生新的表面。

　　在偏移面的时候，首先选中要偏移的面，然后激活【偏移】工具，接着在所选表面的任意一条边上单击（光标会自动捕捉最近的边线），最后通过拖动光标来定义偏移的距离（偏移距离同样可以在数值控制框中设定，如果输入了一个负值，那么将往反方向进行偏移），如图 3-64 所示。

图 3-64 偏移（一）

求生秘籍—— 技巧提示

　　使用【偏移】工具 　一次只能偏移一个面或者一组共面的线。

动手操练——图形的偏移复制

视频教程——光盘主界面 / 第 3 章 /3.2.6

　　执行【偏移】命令主要有以下几种方式：

　　在菜单栏中，单击【工具】｜【偏移】命令。

　　直接按键盘上的 <F> 键。

　　单击【大工具集】工具栏中的【偏移】按钮 　。

　　打开"3-4.skp"图形文件，线的偏移方法和面的偏移方法大致相同，唯一需要注意的是，选择线的时候必须选择两条以上相连的线，而且所有线必须处于同一平面上，如图 3-65 所示。

　　对于选定的线，通常使用【移动】工具 　（快捷键为 <M> 键）并配合 <Ctrl> 键进行复制，复制时可以直接在数值控制框中输入复制距离。而对于两条以上连续的线段或者单个面，可以使用【偏移】工具 　（快捷键为 <F> 键）进行复制。

求生秘籍—— 专业知识精选

　　设计文件要求齐全、完整，内容、深度应符合规定，文字说明、图纸要准确清晰，整个设计文件应经过严格的校审，经各级设计人员签字后，方能提交。

图 3-65 偏移（二）

3.3 模型操作

知识链接： 相交平面

在 SketchUp 中，使用【相交平面】命令可以很容易地创造出复杂的几何体，该命令可以在右键快捷菜单或者【编辑】菜单中激活，如图 3-66 所示。

图 3-66 【相交平面】命令

动手操练—— 相交平面

视频教程—— 光盘主界面／第 3 章／3.3.1

执行【相交平面】命令的方式如下：

在菜单栏中，单击【编辑】｜【相交平面】命令。

下面举例说明【相交平面】命令的用法。

（1）创建两个立方体，如图 3-67 所示。

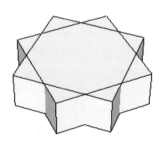

图 3-67 创建立方体

（2）选中立方体，单击鼠标右键，然后在弹出的快捷菜单中单击【相交面】|【与模型】命令，此时就会在两个立方体相交的地方产生边线，删除不需要的部分，如图 3-68 所示。

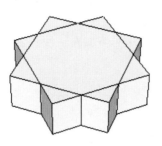

图 3-68　模型交错

关于布尔运算

SketchUp 中的【相交平面】命令相当于 3ds Max 中的布尔运算功能。布尔是英国的数学家，他在 1847 年发明了处理二值之间关系的逻辑数学计算法，包括联合、相交和相减。后来在计算机图形处理操作中引用了这种逻辑运算方法，以使简单的基本图形组合产生新的形体，并由二维图形的布尔运算发展到三维图形的布尔运算。

求生秘籍 —— 专业知识精选

施工图设计文件的深度应满足以下要求：①能据此编制施工图预算；②能据此安排材料、设备订货和非标准设备的制作；③能据此进行施工和安装；④能据此进行工程验收。

知识链接： 实体工具栏

SketchUp 8 新增了强大的模型交错功能，即在组与组之间进行并集、交集等布尔运算。在【实体工具】工具栏中包含了执行这些运算的工具，如图 3-69 所示。

图 3-69　【实体工具】工具栏

求生秘籍 —— 技巧提示

【外壳】工具只对全封闭的几何体有效，并且 6 个面以上的几何体才可以加壳。

动手操练—— 实体工具栏

视频教程—— 光盘主界面 / 第 3 章 /3.3.2

执行【实体工具】命令的方式有以下两种：

在菜单栏中，单击【视图】|【工具栏】|【实体工具】命令。

在菜单栏中，单击【工具】|【实体工具】命令。

1. 外壳

【外壳】工具 用于对指定的几何体加壳，使其变成一个群组或者组件。下面举例进行说明。

(1) 激活【外壳】工具 ，然后在绘图区域移动光标，此时光标显示为 ，提示用户选择第 1 个组或组件，单击选中圆柱体组件，如图 3-70 所示。

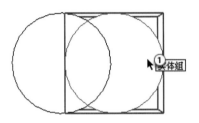

图 3-70 选择模型

(2) 选择一个组件后，光标显示为 ，提示用户选择第 2 个组或组件，单击选中立方体组件，如图 3-71 所示。

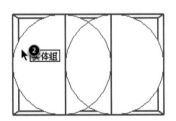

图 3-71 选择另一个模型

(3) 完成选择后，组件会自动合并为一体，相交的边线都被自动删除，且组成一个组件，如图 3-72 所示。

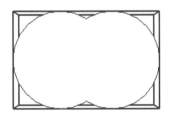

图 3-72 合并为一体的组件

2. 相交

【相交】工具 用于保留相交的部分，删除不相交的部分。该工具的使用方法与【外壳】

工具相似。激活【相交】工具后，光标周围会提示选择第 1 个物体和第 2 个物体，完成选择后将保留两者相交的部分，如图 3-73 所示。

图 3-73　【相交】工具

3. 并集

【并集】工具用来将两个物体合并，相交的部分将被删除，运算完成后两个物体将合并为一个物体。这个工具在效果上与【外壳】工具相同，如图 3-74 所示。

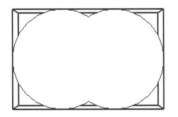

图 3-74　【并集】工具

4. 去除

使用【去除】工具时，同样需要选择第 1 个物体和第 2 个物体，完成选择后将删除第 1 个物体，并在第 2 个物体中删去与第 1 个物体重合的部分，只保留第 2 个物体剩余的部分。

激活【去除】工具后，如果先选择左边圆柱体，再选择右边圆柱体，那么保留的就是圆柱体不相交的部分，如图 3-75 所示。

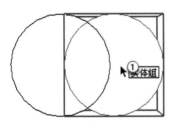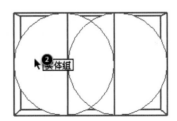

图 3-75　【去除】工具

5. 修剪

激活【修剪】工具，并选择第 1 个物体和第 2 个物体后，将在第 2 个物体中修剪与

第 1 个物体重合的部分，第 1 个物体保持不变。

激活【修剪】工具 后，如果先选择左边圆柱体，再选择右边圆柱体，那么修剪之后左边圆柱体将保持不变，右边圆柱体被挖除了一部分，如图 3-76 所示。

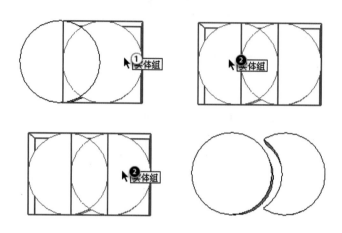

图 3-76 【修剪】工具

6. 拆分

使用【拆分】工具 可以将两个物体相交的部分分离成单独的新物体，原来的两个物体被修剪掉相交的部分，只保留不相交的部分，如图 3-77 所示。

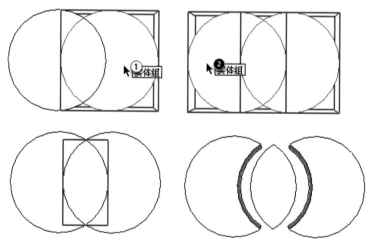

图 3-77 【拆分】工具

知识链接： 柔化边线

用户可以对 SketchUp 的边线进行柔化和平滑处理，从而使有棱角的形体看起来更光滑。对柔化的边线进行平滑处理可以减少曲面的可见折线，使用更少的面表现曲面，也可以使相邻的表面在渲染中能均匀过渡渐变。柔化的边线会自动隐藏，但实际上还存在于模型中，当选择【编辑】｜【显隐边线】菜单命令时，当前不可见的边线就会显示出来。

求生秘籍 —— 技巧提示

在一个曲面上，把线隐藏后，面的个数不会减少，但是用柔化边线却能使面的个数减少，使这些面成为一个面，便于选择。

动手操练——柔化边线

视频教程——光盘主界面 / 第 3 章 / 3.3.3

执行【柔化边线】命令的方式如下：

在菜单栏中，单击【窗口】|【柔化边线】命令。

1. 柔化边线

柔化边线有以下 5 种方法。

① 使用【擦除】工具 的同时按住 <Ctrl> 键，可以柔化边线而不是删除边线。

② 在边线上单击鼠标右键，然后在弹出的快捷菜单中单击【柔化】命令。

③ 选中多条边线，然后在选集上单击鼠标右键，接着在弹出的快捷菜单中单击【柔化／平滑边线】命令，此时将弹出【柔化边线】编辑器，如图 3-78 所示。

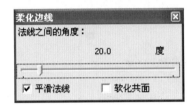

图 3-78 【柔化边线】编辑器

【法线之间的角度】滑块：拖动该滑块可以调节光滑角度的下限值，超过此值的夹角都将被柔化处理。

【平滑法线】：选中该复选框可以用来指定对符合允许角度范围的夹角实施光滑和柔化效果。

【软化共面】：选中该复选框将自动柔化连接共面表面间的交线。

④ 在边线上单击鼠标右键，然后在弹出的快捷菜单中单击【图元信息】命令，接着在弹出的【图元信息】对话框中选中【软化】、【平滑】复选框，如图 3-79 所示。

图 3-79 【图元信息】对话框

⑤ 单击【窗口】|【柔化边线】命令也可以进行边线柔化操作，如图 3-80 所示。

2. 取消柔化

取消边线柔化效果的方法同样有 5 种，与柔化边线的 5 种方法相互对应。

① 使用【擦除】工具的同时按住 <Ctrl+Shift> 组合键，可以取消对边线的柔化。

② 在柔化的边线上单击鼠标右键，然后在弹出的快捷菜单中单击【取消柔化】命令。

③ 选中多条柔化的边线，在选集上单击鼠标右键，然后在弹出的快捷菜单中单击【柔化／平滑边线】命令，接着在【柔化边线】编辑器中调整【法线之间的角度】为 0。

④ 在柔化的边线上单击鼠标右键，然后在弹出的快捷菜单中单击【图元信息】命令，接着在弹出的【图元信息】对话框中取消【软化】和【平滑】复选框的选择，如图 3-81 所示。

⑤ 单击【窗口】|【柔化边线】命令，然后在弹出的【柔化边线】编辑器中调整【法线之间的角度】为 0。

图 3-80 【柔化边线】命令

图 3-81 【图元信息】对话框

求生秘籍 —— 专业知识精选

根据有关设计深度和设计质量标准所规定的各项基本要求完成设计文件所需要的时间称为设计周期。

知识链接： 照片匹配

SketchUp 的【照片匹配】功能可以根据实景照片计算出相机的位置和视角，然后在模型中创建与照片相似的环境。

关于照片匹配的命令有两个，分别是【匹配新照片】命令和【编辑照片匹配】命令，这两个命令可以在【镜头】菜单中找到，如图 3-82 所示。

当视图中不存在照片匹配时，【编辑照片匹配】命令将显示为灰色状态，这时不能使用该命令，当一张照片匹配后，【编辑照片匹配】命令才能被激活。用户在新建照片匹配时，将弹出【照片匹配】对话框，如图 3-83 所示。

图 3-82 【匹配新照片】命令

图 3-83 【照片匹配】对话框

【从照片投影纹理】按钮 从照片投影纹理 ：单击该按钮将会把照片作为贴图覆盖模型的表面材质。

【栅格】选项组：该选项组下包含了 3 种网格，分别为【样式】、【平面】和【间距】。

3.4 本章小结

在本章的学习中，使用 SketchUp 的一些基本命令与工具，可以制作简单的模型并修改模型，希望用户熟练操作这些基本工具。在以后的绘图应用中，这些工具会经常被用到。

第4章
标注尺寸和文字

📚 本章导读

在使用 SketchUp 软件创建模型时，灵活使用辅助线可以帮助用户绘制出精准模型，模型的尺寸标注不仅可以让设计师更好地把握模型的创建，也可以让看图者轻松地知道模型的尺寸。

学习目标 知识点	了解	理解	应用	实践
掌握模型测量与辅助线的绘制的方法	√	√	√	√
掌握标注尺寸的方法	√	√	√	√
掌握标注文字的方法	√	√	√	√
掌握绘制三维文字的方法	√	√	√	√
掌握图层的运用及管理	√	√	√	√

（表格左侧：学习要求）

4.1 模型的测量与辅助线的绘制

🔑 **知识链接：** 模型的测量

测量模型距离需要使用【卷尺】工具 🖊，【卷尺】工具 🖊 可以执行一系列与尺寸相关的操作，包括测量两点间的距离、绘制辅助线以及缩放整个模型。关于绘制辅助线的内容会在后面的章节中进行详细讲解，这里仅对测量功能和缩放功能作详细介绍。测量模型角度使用【量角器】工具 🖋，【量角器】工具 🖋 可以测量角度和绘制辅助线。给模型添加尺寸使用【尺寸】工具 🖋，【尺寸】工具 🖋 可以对模型进行尺寸标注。SketchUp 中适合标注的点包括端点、中点、边线上的点、交点以及圆或圆弧的圆心。在进行标注时，有时需要旋转模型以让标注处于需要表达的平面上。为模型添加标注文字使用【文本标注】工具 🖋，【文本标注】工具 🖋 用来插入文字到模型中，插入的文字主要有两类，分别是【引线文字】和【屏幕文字】。

🌺 **求生秘籍 —— 技巧提示**

【卷尺】工具 🖊 没有平面限制，该工具可以测出模型中任意两点的准确距离。尺寸的更改可以根据不同图形要求进行设置。当调整模型长度时，尺寸标注也会随之更改。

动手操练 —— 模型的测量

视频教程 —— 光盘主界面 / 第 4 章 /4.1.1

执行【卷尺工具】命令主要有以下几种方式：

在菜单栏中，单击【工具】|【卷尺】命令。

直接按键盘上的 <T> 键。

单击【大工具集】工具栏中的【卷尺】工具按钮 。

1. 测量距离

（1）测量两点间的距离

激活【卷尺】工具 ，然后拾取一点作为测量的起点，接着拖动鼠标会出现一条类似参考线的"测量带"，其颜色会随着平行的坐标轴而变化，并且数值控制框会实时显示"测量带"的长度，再次单击拾取测量的终点后，测得的距离会显示在数值控制框中。

（2）全局缩放

使用【卷尺】工具 可以对模型进行全局缩放，这个功能非常实用，用户可以在方案研究阶段先构建粗略模型，当确定方案后需要更精确的模型尺寸时，只要重新制定模型中两点的距离即可。

在 SketchUp 中，用户可以通过【多边形】工具（快捷键为 < Alt+B > 组合键）创建正多边形，但是只能控制多边形的边数和半径，不能直接输入边长。不过有个变通的方法，就是利用【卷尺】工具 进行缩放。以一个边长为 1000mm 的六边形为例，首先创建一个任意大小的等边六边形，然后将它创建为组并进入组件的编辑状态，然后使用【卷尺】工具 （快捷键为 <Q> 键）测量一条边的长度，接着通过键盘输入需要的长度 1000mm（注意：一定要先创建为组，然后进入组内进行编辑，否则会将场景模型整体进行缩放）。

2. 测量角度

执行【量角器】命令有以下两种方式：

在菜单栏中，单击【工具】|【量角器】命令。

单击【大工具集】工具栏中的【量角器】按钮 。

（1）测量角度

激活【量角器】工具 后，在视图中会出现一个圆形的量角器，光标指向的位置就是量角器的中心位置，量角器默认与红 / 绿轴平面对齐。

在场景中移动光标时，量角器会根据旁边的坐标轴和几何体改变自身的定位方向，用户可以按住 <Shift> 键锁定所在平面。

在测量角度时，将量角器的中心设在角的顶点上，然后将量角器的基线对齐到测量角的起始边上，接着再拖动鼠标旋转量角器，捕捉要测量角的第二条边，此时光标处会出现一条绕量角器旋转的辅助线，捕捉到测量角的第二条边后，测量的角度值会显示在数值控制框中，如图 4-1 所示。

（2）创建角度辅助线

激活【量角器】工具，然后捕捉辅助线将经过的角的顶点，并单击鼠标左键将量角器放置在该点上，接着在已有的线段或边线上单击，将量角器的基线对齐到已有的线上，此时会出现一条新的辅助线，移动光标到需要的位置，辅助线和基线之间的角度值会在数值控制框中动态显示，如图 4-2 所示。

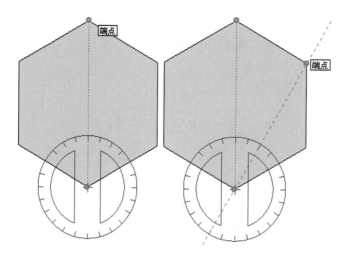

图 4-1 测量角度

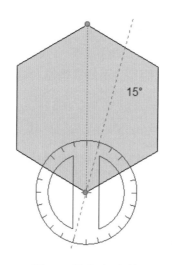

图 4-2 输入角度值

角度可以通过数值控制框输入，输入的值可以是角度（例如 15°），也可以是斜率（角的正切，例如 1:6）；输入负值表示将往当前鼠标指定方向的反方向旋转；在进行其他操作之前可以持续输入修改。

（3）锁定旋转的量角器

按住 <Shift> 键可以将量角器锁定在当前的平面定位上。

求生秘籍 —— 专业知识精选

设计周期是工程项目建设总周期的一部分。根据有关建筑工程设计法规、基本建设程序及有关规定和建筑工程设计文件深度的规定制定设计周期定额。设计周期定额考虑了各项设计任务一般需要投入的力量。

知识链接： 辅助线的绘制与管理

许多初学者会问，绘制辅助线使用什么工具？其实答案就是使用【卷尺】工具 和【量角器】工具 。辅助线对于精确建模非常有用。

求生秘籍 —— 技巧提示

辅助线可以有助于用户在绘图过程中的尺寸把握。

动手操练 —— 辅助线的绘制与管理

视频教程 —— 光盘主界面 / 第 4 章 /4.1.2

执行【辅助线】命令主要有以下两种方式：

在菜单栏中，单击【工具】|【卷尺】或【量角器】命令。

单击【大工具集】工具栏中的【卷尺】按钮 或【量角器】按钮 。

1. 使用【卷尺】工具 绘制辅助线的方法

激活【卷尺】工具 ，然后在线段上单击拾取一点作为参考点，此时在光标上会出现一条辅助线随着光标移动，同时会显示辅助线与参考点之间的距离，接着确定辅助线的位置后，再次单击即可绘制一条辅助线，如图 4-3 所示。

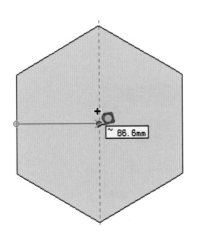

图 4-3 测量距离

2. 管理辅助线

纷杂的辅助线有时候会影响视线，从而产生负面影响，此时用户可以通过单击【编辑】|【删除向导器】命令，删除辅助线。单击【编辑】|【还原向导】命令，还原被删除的辅助线，如图 4-4 所示。

在【图元信息】对话框中可以查看辅助线的相关信息，并且可以修改辅助线所在图层，如图 4-5 所示。

辅助线的颜色可以在【样式】对话框中进行设置，在【样式】对话框中切换到【编辑】选项卡，然后对【导向器】选项后面的颜色色块进行调整，如图 4-6 所示。

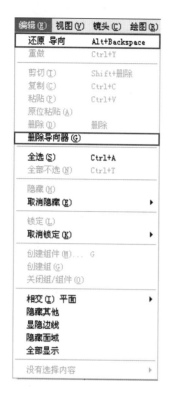

图 4-4 【删除导向器】命令

图 4-5 【图元信息】对话框

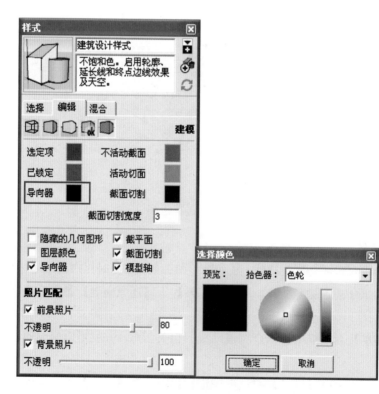

图 4-6 【样式】对话框

3. 导出辅助线

在 SketchUp 中可以将辅助线导出到 AutoCAD 中，以便为进一步精确绘制立面图提供帮助。导出辅助线的方法如下。

单击【文件】|【导出】|【三维模型】命令，然后在弹出的【输出模型】对话框中设置【输出类型】为 AutoCAD DWG 文件（*. dwg），接着单击【选项】按钮 选项... ，并在弹出的【AutoCAD 导出选项】对话框中选中【构造几何图形】复选框，最后依次单击【确定】按钮 确定 和【输出】按钮 输出 将辅助线导出，如图 4-7 所示。为了能更清晰地显示和管理辅助线，用户可以将辅助线单独放在一个图层上再进行导出。

图 4-7　输出模型

📚 **求生秘籍**——专业知识精选

对于技术上复杂而又缺乏设计经验的重要工程，经主管部门批准，在初步设计审批后可以增加技术设计阶段。技术设计阶段的设计周期根据工程特点具体议定。

4.2 标注尺寸

🔑 **知识链接：** 标注尺寸

尺寸标注的样式可以在【模型信息】对话框的【尺寸】选项卡中进行设置，单击【窗口】|【模型信息】命令，即可打开【模型信息】对话框，如图 4-8 所示。

动手操练——标注尺寸

视频教程——光盘主界面／第 4 章／4.2

执行【标注尺寸】命令主要有以下两种方式：

图 4-8　【模型信息】对话框

在菜单栏中，单击【工具】|【尺寸】命令。

单击【大工具集】工具栏中的【尺寸】按钮🖈。

（1）标注线段

激活【尺寸】工具🖈，然后依次单击线段两个端点，接着移动鼠标拖动一定的距离，再次单击鼠标左键确定标注的位置，如图 4-9 所示。

用户也可以直接单击需要标注的线段进行标注，选中的线段会呈高亮显示，单击线段后拖动出一定的标注距离即可，如图 4-10 所示。

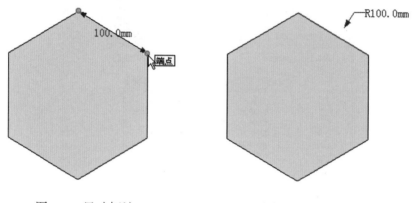

图 4-9　尺寸标注 1　　　　　　　　图 4-10　尺寸标注 2

（2）标注直径

激活【尺寸】工具🖈，然后单击要标注的圆，接着移动鼠标拖动出标注的距离，再次单击鼠标左键确定标注的位置，如图 4-11 所示。

（3）标注半径

激活【尺寸】工具，然后单击要标注的圆弧，接着拖动鼠标确定标注的距离，如图 4-12 所示。

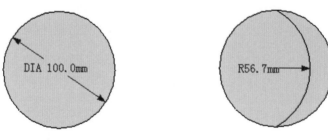

图 4-11　直径标注　　　　　　　　图 4-12　半径标注

（4）直径标注和半径标注的转换

在半径标注的右键快捷菜单中单击【类型】|【直径】命令，可以将半径标注转换为直径标注，同样，单击【类型】|【半径】命令可以将直径标注转换为半径标注，如图 4-13 所示。

SketchUp 中提供了许多种标注的样式供使用者选择，修改标注样式的步骤为：单击【窗口】|【模型信息】命令，然后在弹出的【模型信息】对话框中切换到【尺寸】选项卡，接着在【引线】选项组的【终点】下拉列表框中选择【斜线】或者其他方式，如图 4-14 所示。

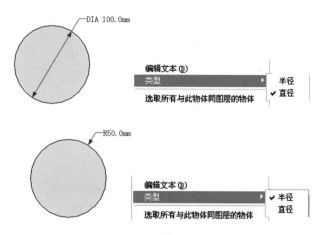

图 4-13　标注转换

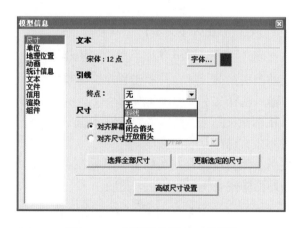

图 4-14　【模型信息】对话框

求生秘籍 —— 专业知识精选

设计周期定额一般划分为方案设计、初步设计和施工图设计 3 个阶段，每个阶段的周期可在总设计周期的控制范围内进行调整。

4.3 标注文字

知识链接： 标注文字

在【模型信息】对话框的【文本】选项卡中可以设置文本和引线的样式，包括引线文本、引线端点、字体类型和颜色等，如图 4-15 所示。

动手操练 —— 标注文字

视频教程 —— 光盘主界面 / 第 4 章 /4.3

执行【文本】命令主要有以下两种方式：

在菜单栏中，单击【工具】|【文本】命令。

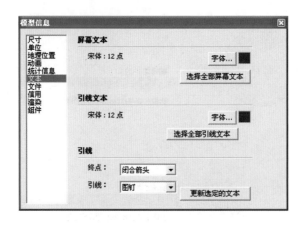

图 4-15 【文本】选项卡

单击【大工具集】工具栏中的【文本】按钮。

在插入引线文本的时候，先激活【文本】工具，然后在实体（表面、边线、顶点、组件、群组等）上单击，指定引线指向的位置，接着拖动出引线的长度，并单击确定文本框的位置，最后在文本框中输入注释文字，如图 4-16 所示。

输入注释文字后，按两次 <Enter> 键或者单击文本框的外侧就可以完成输入，按 <Esc> 键可以取消操作。

文字也可以不需要引线而直接放置在实体上，只须在需要插入文字的实体上双击即可隐藏引线。

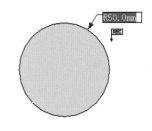

图 4-16 文本标注

插入屏幕文字时，先激活【文本】工具，然后在屏幕的空白处单击，接着在弹出的文本框中输入注释文字，最后按两次 <Enter> 键或者单击文本框的外侧完成输入。

屏幕文字在屏幕上的位置是固定的，不受视图改变的影响。另外，在已经编辑好的文字上双击鼠标左键即可重新编辑文字，也可以在文本的右键快捷菜单中选择【编辑文字】命令进行操作。

4.4 三维文字的绘制

知识链接: 三维文字

从 SketchUp 6 开始增加了【三维文字】工具，该工具被广泛应用于广告、LOGO、雕塑文字等，如图 4-17 所示。

三维文字

图 4-17 三维文字

求生秘籍 —— *技巧提示*

3D 文字可以设置不同的样式。

动手操练 —— 三维文字

视频教程 —— 光盘主界面 / 第 4 章 /4.4

执行【三维文字】命令主要有以下两种方式：

在菜单栏中，单击【工具】|【三维文字】命令。

单击【大工具集】工具栏中的【三维文字】按钮 **A** 。

激活【三维文字】工具 **A** ，会弹出【放置三维文本】对话框，如图 4-18 所示，该对话框中的【高度】表示文字的大小，【已延伸】表示文字的厚度，如果取消【填充】复选框的选择，组成的文字将只有轮廓线。

在【放置三维文本】对话框的文本框中输入文字后，单击【放置】按钮  后，即可将文字拖动至合适的位置，生成的文字自动成组，使用【缩放】工具 可以对文字进行缩放，如图 4-19 所示。

图 4-18 【放置三维文字】对话框　　　　图 4-19 放置三维文字

 **求生秘籍** —— *专业知识精选*

对城市设计的定义有两种提法：一种认为城市设计是一种环境设计；另一种认为城市设计是一种空间布局、空间设计或各物质要素的空间关系设计。

4.5　图层的运用及管理

 知识链接： 图层的运用及管理

单击【窗口】|【图层】命令可以弹出【图层】对话框。在【图层】对话框中，用户可以查看和编辑模型中的图层。它显示了模型中的所有图层和图层的颜色，并指定图层是否可见，如图 4-20 所示。

图 4-20 【图层】

求生秘籍 —— 技巧提示

在【图层】对话框中合并图层就是指，当删除图层时，在弹出的【删除包含图元的图层】对话框中选择将内容移至默认图层。

动手操练 —— 图层的运用及管理
视频教程 —— 光盘主界面 / 第 4 章 /4.5

执行【图层】命令的方式如下：
在菜单栏中，单击【窗口】｜【图层】命令。

1. 图层操作

打开"4-1.skp"图形文件。【添加图层】按钮 ⊕：单击该按钮可以新建一个图层，用户可以对新建的图层重命名。在新建图层时，系统会为每个新建的图层设置一种不同于其他图层的颜色，图层的颜色可以进行修改，如图 4-21 所示。

【删除图层】按钮 ⊖：单击该按钮可以将选中的图层删除，如果要删除的图层中包含

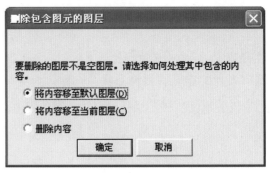

图 4-21 增加图层　　　　　　　　图 4-22 删除包含图元的图层

了图元，将会弹出一个对话框询问处理方式，如图 4-22 所示。

【名称】标签 ：在【名称】标签下列出了所有图层的名称，单击选中图层名称前面的单选按钮表示是当前图层，用户可以通过单击此按钮来设置当前图层。双击图层的名称可以输入新名称，完成输入后按 <Enter> 键确定即可，如图 4-23 所示。

【可见】标签 **可见**：【可见】标签下的复选框用于显示或者隐藏图层，选中即表示显示。

若想隐藏图层，只须将图层前面的钩取消即可。如果将隐藏图层置为当前图层，则该图层会自动变成可见层。

【颜色】标签**颜色**：【颜色】标签下列出了每个图层的颜色，单击颜色色块可以为图层设定新的颜色。

【详细信息】按钮 ：单击该按钮将弹出拓展菜单，如图 4-24 所示。

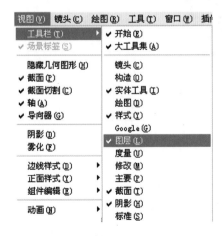

图 4-23　修改图层名称　　　　　　图 4-24　【详细信息】按钮

【全选】：使用该命令可以选中模型中的所有图层。

【清除】：使用该命令清理所有未使用过的图层。

【图层颜色】：如果用户单击【图层颜色】命令，那么渲染时图层的颜色会赋予该图层中的所有物体。由于每个新图层都有一个默认的颜色，并且这个颜色是独一无二的，因此【图层颜色】命令将有助于快速直观地分辨各个图层。

2. 图层工具栏

【图层】工具栏可以通过单击【视图】|【工具栏】|【图层】命令调出，如图 4-25 所示。

单击【图层】工具栏右侧的【图层管理】按钮 ，即可弹出【图层】对话框。在本节开始部分我们已经讲解了【图层】对话框的相关知识，在此不再赘述。

单击【图层】下拉列表框按钮，展开图层下拉列表，会出现模型中的所有图层，然后单击即可选择当前图层。相对应地，在【图层】对话框中，当前图层会被激活，如图 4-26 所示。

图 4-25　【图层】命令　　　　　　图 4-26　【图层】下拉列表框按钮

当选中了某个图层上的物体时，图层下拉列表框会以黄色高亮显示，提醒用户当前选择的图层，如图 4-27 所示。

图 4-27 选择的图层

3. 图层属性

选中某个元素单击鼠标右键，在弹出的快捷菜单中单击【图元信息】命令，弹出【图元信息】对话框，在该对话框中可以查看选中元素的图元信息，也可以在【图层】下拉列表框中改变元素所在图层，如图 4-28 所示。

图 4-28 图层属性

其实 SketchUp 图层的主要功能就是用来将物体分类、显示或隐藏，以方便选择和管理。单击【图层】对话框右上角的【详细信息】按钮，然后在弹出的快捷菜单中单击【图层颜色】命令（图层的颜色不影响最终的材质，可以任意更改）。

对物体分类编辑时一定要结合群组来管理，组是无限层级的，可以随时双击修改。修改时会自动设置为只能修改组内的物体，不会选取到组外的物体。组和图层是相对独立的，可以同时存在，即相同的图层中可以有不同的组；同样，同一个组中也可以有不同层的物体。当需要显示或者隐藏某个图层时，只会影响该图中的物体，而不会影响到同一组中不同图层的物体。

求生秘籍 —— 专业知识精选

城市设计也是一种社会干预和行政管理手段。城市设计是造型设计，但不是个体建筑造型，而是把城市的多种要素排列得有秩序。所谓城市设计也就是建立秩序，使之符合现代社会人们的生活。城市设计的目标是为人们创造舒适、方便、卫生、优美的物质空间环境，即通过对一定地域空间内各种物质要素的综合设计，使城市的各种设施功能的相互配合和协调，达到空间形式的统一、完美，以及综合效益的最优化。

4.6　本章小结

本章介绍了使用 SketchUp 的模型测量工具和利用辅助线绘制精确模型的方法，运用这些工具可以增加模型绘制的准确性，提高模块绘制的效率，希望用户熟练操作这些基本工具，为绘制更复杂模型打下良好的基础。

第 5 章
设置材质和贴图

本章导读

　　SketchUp 拥有强大的材质库，可以应用于边线、表面、文字、剖面、组和组件，并实时显示材质效果（所见即所得）。而且在材质赋予以后，用户可以方便地修改材质的名称、颜色、透明度、尺寸大小及位置等属性，这是 SketchUp 的优势之一。本章将介绍 SketchUp 材质功能的应用，包括材质的提取、填充、坐标调整、特殊形体的贴图以及 PNG 贴图的制作及应用等。

学习要求	知识点 \ 学习目标	了解	理解	应用	实践
	掌握基本材质运用的方法	√	√	√	√
	掌握复杂材质运用的方法	√	√	√	√
	掌握基本贴图运用的方法	√	√	√	√
	掌握复杂贴图运用的方法	√	√	√	√

5.1 基本材质运用

知识链接：默认材质

　　在 SketchUp 中创建几何体时，它们会被赋予默认的材质。默认材质正反两面显示的颜色是不同的，这是因为 SketchUp 使用的是双面材质。默认材质正反两面的颜色可以在【样式】对话框的【编辑】选项卡中进行设置，如图 5-1 所示。

求生秘籍 —— 技巧提示

　　Q 提问：双面材质的特性有哪些作用？
　　A 回答：双面材质的特性可以帮助用户更容易区分表面的正反朝向，以便在将模型导入其他软件时调整面的方向。

图 5-1 【样式】对话框

5.2　复杂材质运用

知识链接： 材质的编辑

单击【窗口】|【材质】命令可以弹出【材质】对话框，如图 5-2 所示。在【材质】对话框中有【选择】和【编辑】两个选项卡，这两个选项卡用来选择、编辑材质，也可以用来浏览当前模型中使用的材质。

【单击开始用笔刷绘图】窗口 ：该窗口的实质就是用于材质预览，选择或者提取一个材质后，在该窗口中会显示这个材质，同时会自动激活【材质】工具 。

【名称】文本框：选择一个材质赋予模型以后，在【名称】文本框中将显示材质的名称，用户可以在此处为材质重命名，如图 5-3 所示。

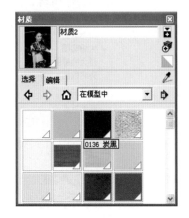

图 5-2　【材质】对话框　　　　　图 5-3　【材质】对话框

【创建材质】按钮 ：单击该按钮将弹出【创建材质】对话框，在该对话框中可以设置材质的名称、颜色、大小等属性，如图 5-4 所示。

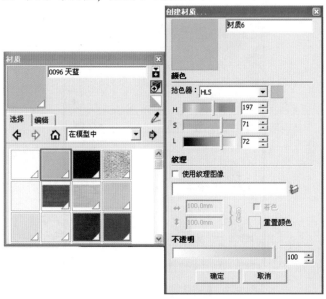

图 5-4　【创建材质】对话框

1. 【选择】选项卡

【选择】选项卡的界面如图 5-5 所示。

【后退】按钮 ← /【前进】按钮 → ：在浏览材质库时，使用这两个按钮可以进行前进或者后退操作。

【在模型中】按钮 ⌂ ：单击该按钮可以快速返回【在模型中】的材质列表。

【详细信息】按钮 ↦ ：单击该按钮将弹出一个快捷菜单，如图 5-6 所示。

图 5-5 【材质】对话框中的【选择】选项卡　　　图 5-6 【详细信息】子菜单

【打开或创建集合】：该命令用于载入一个已经存在的文件夹或创建一个文件夹到【材质】对话框中。执行该命令弹出的对话框中不能显示文件，只能显示文件夹。

【将集合添加到收藏夹】：该命令用于将选中的文件夹添加到收藏夹中。

【从收藏夹删除集合】：该命令可以将选中的文件夹从收藏夹中删除。

【小缩略图】/【中缩略图】/【大缩略图】/【超大缩略图】/【列表视图】：【列表视图】命令用于将材质图标以列表状态显示，其余 4 个命令用于调整材质图标显示的大小，如设置为【超大缩略图】，显示效果如图 5-7 所示。

图 5-7 【超大缩略图】显示效果

【提取材质】按钮 ✎：单击该按钮可以从场景中提取材质，并将其设置为当前材质。【提取材质】按钮 ✎ 不仅能提取材质，还能提取材质的大小和坐标。如果不使用【提取材质】按钮 ✎，而是直接从材质库中选择同样的材质贴图，往往会出现坐标轴对不上的情况，还要重新调整坐标和位置。所以建议用户在进行材质填充操作的时候尽量使用【提取材质】按钮 ✎。

除了前面讲解的内容外，在【选择】选项卡中还有一个列表框，在该列表框的下拉列表中可以选择当前显示的材质类型。

（1）模型中的材质列表

应用材质后，材质会被添加到【材质】对话框的【在模型中】材质列表，在对文件进行保存时，这个列表中的材质会和模型一起被保存。

【在模型中】材质列表中显示的是当前场景中使用的材质。被赋予模型的材质右下角带有一个小三角，没有小三角的材质表示曾经在模型中使用过，但是现在没有被使用。

如果在材质列表中的材质上单击鼠标右键，将弹出一个快捷菜单，如图 5-8 所示。

【删除】：该命令用于将选择的材质从模型中删除，原来赋予该材质的物体被赋予默认材质。

图 5-8　右键快捷菜单

【存储为】：该命令用于将材质存储到其他材质库。

【输出纹理图像】：该命令用于将贴图存储为图片格式。

【编辑纹理图像】：如果在【系统属性】对话框的【应用程序】面板中设置过默认的图像编辑软件，那么在执行【编辑纹理图片】命令的时候会自动打开设置的图像编辑软件来编辑该贴图图片。默认的编辑器为 Photoshop 软件。

【面积】：执行该命令将准确地计算出模型中所有应用此材质表面的表面积之和。

【选择】：该命令用于选中模型中应用此材质的表面。在【材质】对话框中单击【在模型中】按钮，接着单击右侧的【详细信息】按钮，并单击【集合另存为】命令，如图 5-9 所示。接下来，根据提示就能将当前模型的所有材质保存为后缀名为 .skm 的文件。将这个文件放置在 SketchUp 的 Materials（材质）目录下，那么在每次打开 SketchUp 时都可以调用这些材质。利用这个方法可以根据个人习惯把需要归类的一组贴图做成一个材质库文件，可以根据材质特性分类，如地板、墙纸、面砖等，也可以根据场景的材质搭配进行分类，如办公室、厨房、卧室等。

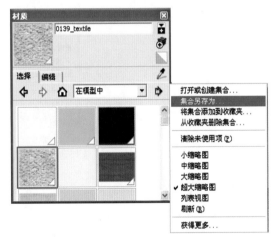

图 5-9　【集合另存为】命令

（2）材质列表

在【材质】列表中显示的是材质库中的材质，如图 5-10 所示。

在【材质】列表中可以选择需要的材质，例如【水纹】选项，那么在材质列表中会显示预设的材质，如图 5-11 所示。

图 5-10 【材质】列表

图 5-11 【水纹】选项

2. 【编辑】选项卡

【编辑】选项卡的界面如图 5-12 所示。

图 5-12 【材质】对话框中的【编辑】选项卡

【拾色器】：在该下拉列表框中可以选择 SketchUp 提供的 4 种颜色体系，如图 5-13 所示。

【色轮】：使用这种颜色体系可以从色盘上直接取色。用户可以使用鼠标在色盘内选择需要的颜色，选中的颜色会在【单击开始用笔刷绘图】窗口和模型中实时显示以供参考。色盘右侧的滑块可以调节色彩的明度，越向上明度越高，越向下明度越低。

【HLS】：HLS 分别代表色相、亮度和饱和度，这种颜色体系最适于调节灰度值。

【HSB】：HSB 分别代表色相、饱和度和明度，这种颜色体系最适于调节非饱和颜色。

【RGB】：RGB 分别代表红、绿、蓝 3 色，RGB 颜色体系中的 3 个滑块是互相关联的，

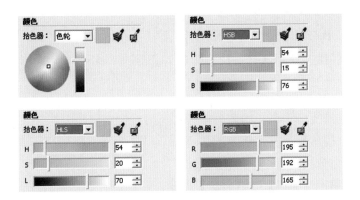

图 5-13　4 种颜色体系

改变其中的一个，其他两个滑块颜色也会随之改变。用户也可以在右侧的数值输入框中输入数值进行调节。

【匹配模型中对象的颜色】按钮 ：单击该按钮将从模型中取样。

【匹配屏幕上的颜色】按钮 ：单击该按钮将从屏幕中取样。

【长宽比】文本框：SketchUp 中的贴图都是连续重复的贴图单元，在该文本框中输入数值可以修改贴图单元的大小。默认的长宽比是锁定的，单击【锁定 / 解锁锁定图像高宽比】按钮 即可解锁，此时图标将变为 。

【不透明】：材质的透明度介于 0 ～ 100 之间，值越小越透明。对表面应用透明材质，可以使其具有透明性。通过【材质】对话框可以对任何材质设置透明度，而且表面的正反两面都可以使用透明材质，也可以对单独一个表面用透明材质，另一面不用。

透明度是通过【材质】对话框来调整的。如果没有为物体赋予材质，那么物体使用的是默认材质，无法改变透明度。

SketchUp 的阴影设计为每秒若干次，因此基本上无法提供照片级的阴影效果。模型的表面要么产生整个面的投影，要么不产生投影。如果需要更真实的阴影效果，用户可以将模型导出至其他渲染软件中进行渲染。透明材质在输出 3DS 格式时可以被输出。

表面透明度小于 70 的材质不能产生阴影。只有完全不透明或者透明度为 100 的表面才能"接收投影"。

求生秘籍——专业知识精选

SketchUp 发展到今天，完全可以通过安装渲染插件出图，并且通过后期制作达到十分真实的效果。一个 SketchUp 高手还可以制作出别具特色的效果图。

知识链接：填充材质

使用【材质】工具 可以为模型中的实体填充材质（颜色和贴图），既可以为单个元素上色，也可以填充一组组件相连的表面，同时还可以覆盖模型中的某些材质。

求生秘籍 —— 技巧提示

配合键盘上的按键，使用【材质】工具 🖌 可以快速为多个表面同时填充材质。

动手操练 —— 填充材质

视频教程 —— 光盘主界面 / 第 5 章 /5.2

执行【材质】命令主要有以下几种方式：

在菜单栏中，单击【窗口】│【材质】命令。

直接按键盘上的 <B> 键。

单击【大工具集】工具栏中的【材质】按钮 🖌。

1. 单个填充（无须任何按键）

激活【材质】工具 🖌 后，在单个边线或表面上单击鼠标左键即可填充材质。如果事先选中了多个物体，则可以同时为选中的物体上色。

2. 邻接填充（按住 <Ctrl> 键）

激活【材质】工具 🖌 的同时按住 <Ctrl> 键，可以同时填充与所选表面相邻接并且使用相同材质的所有表面。在这种情况下，当捕捉到可以填充的表面时，【材质】工具 🖌 图标右上角会横放 3 个小方块，变为 🖌。如果事先选中了多个物体，那么邻接填充操作会被限制在所选范围之内。

3. 替换填充（按住 <Shift> 键）

激活【材质】工具 🖌 的同时按住 <Shift> 键，【材质】工具 🖌 图标右上角会直角排列 3 个小方块，变为 🖌，这时可以用当前材质替换所选表面的材质。模型中所有使用该材质的物体都会同时改变材质。

4. 邻接替换（按住 < Ctrl+Shift > 组合键）

激活【材质】工具 🖌 的同时按住 < Ctrl+Shift > 组合键，可以实现【邻接填充】和【替换填充】的效果。在这种情况下，当捕捉到可以填充的表面时，【材质】工具 🖌 图标右上角会竖直排列 3 个小方块，变为 🖌，单击即可替换所选表面的材质，但替换的对象将限制在所选表面有物理连接的几何体中。如果事先选择了多个物体，那么邻接替换操作会被限制在所选范围之内。

5. 提取材质（按住 <Alt > 键）

激活【材质】工具 🖌 的同时按住 <Alt> 键，图标将变成 ✐，此时单击模型中的实体，就能提取该材质。提取的材质会被设置为当前材质，用户可以直接用来填充其他物体。

求生秘籍 —— 技巧提示

Q 提问：导入 CAD 图形前的准备有哪些？

A 回答：CAD 中分清归类各个图层，将 CAD 中的云线、字体、填充物清除干净，虚线线型改成实线。

5.3 基本贴图运用

知识链接： 贴图的运用

在【材质】对话框中可以使用 SketchUp 自带的材质库，当然，材质库中只是一些基本贴图，在实际工作中，用户还需自己动手编辑材质。从外部获得的贴图应尽量控制其大小，如有必要可以使用压缩的图像格式来减小文件量，例如 JPGE 或者 PNG 格式。

导致贴图不随物体一起移动的原因是什么？

原因在于贴图图片拥有一个坐标系统，坐标的原点就位于 SketchUp 坐标系的原点上。如果贴图正好被赋予物体的表面，就需要使物体的一个顶点正好与坐标系的原点相重合，这是非常不方便的。

解决的方法有两种。

第 1 种：在贴图之前，先将物体制作成组件，由于组件都有其自身的坐标系，且该坐标系不会随着组件的移动而改变，因此先制作组件再赋予材质，就不会出现贴图不随实体的移动而移动的问题。

第 2 种：利用 SketchUp 的贴图坐标，在贴图时单击鼠标右键在弹出的快捷菜单中单击【贴图坐标】命令，进入贴图坐标的编辑状态，然后只须再次单击鼠标右键在弹出的快捷菜单中单击【完成】命令即可。退出编辑状态后，贴图就可以随着实体一起移动了。

求生秘籍 —— 技巧提示

Q 提问：从外部获得贴图纹理的方法是什么？

A 回答：如果需要从外部获得贴图纹理，用户可以在【材质】对话框的【编辑】选项卡中选中【使用纹理图像】复选框（或者单击【浏览】按钮），如图 5-14 所示，此时将弹出【选择图像】对话框，用于选择贴图并导入 SketchUp 中。

知识链接： 贴图坐标的调整

SketchUp 的贴图是作为平铺对象应用的，不管表面是垂直、水平或者倾斜，贴图都附着在表面上，不受表面位置的影响。另外，贴图坐标能有效赋予到平面，但是不能赋予到曲面。如果要在曲面上显示材质，用户可以将材质分别赋予组成曲面的平面上。

图 5-14 材质编辑器

动手操练 —— 贴图坐标的调整

视频教程 —— 光盘主界面 / 第 5 章 /5.3

执行【贴图坐标】命令的方式如下：

在右键快捷菜单中，单击【纹理】|【位置】命令。

SketchUp 的贴图坐标有两种模式，分别为【锁定图钉】模式和【自由图钉】模式。

1.【锁定图钉】模式

打开 "5-1.skp" 图形文件，在物体的贴图上单击鼠标右键，在弹出的快捷菜单中单击【纹理】|【位置】命令，此时物体的贴图将以透明的方式显示，并且在贴图上会出现 4 个彩色的图钉，每个图钉都有固定的特有功能，如图 5-15 所示。

【平行四边形变形】图钉 ：拖动蓝色的图钉可以对贴图进行平行四边形变形操作。在移动【平行四边形变形】图钉时，位于下面的两个图钉（【移动】图钉和【缩放旋转】图钉）是固定的，贴图变形效果如图 5-16 所示。

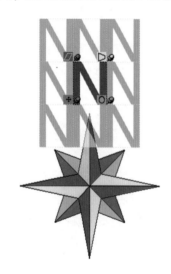 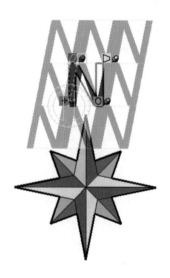

图 5-15 【纹理】|【位置】命令　　　图 5-16 平行四边形变形操作

【移动】图钉 ：拖动红色的图钉可以移动贴图，如图 5-17 所示。

【梯形变形】图钉 ：拖动黄色的图钉可以对贴图进行梯形变形操作，也可以形成透视效果，如图 5-18 所示。

【缩放旋转】图钉 ：拖动绿色的图钉可以对贴图进行缩放和旋转操作。单击鼠标左键时，贴图上出现旋转的轮盘，移动鼠标时，从轮盘的中心点将射出两条虚线，分别对应缩放和旋转操作前后比例与角度的变化。沿着虚线段和虚线弧的原点将显示出系统图像的现在尺寸和原始尺寸，或者也可以单击鼠标右键，在弹出的快捷菜单中单击【重设】命令。进行重设时，会把旋转和按比例缩放都重新设置，如图 5-19 所示。

在对贴图进行编辑的过程中，按 <Esc> 键可以随时取消操作。完成贴图的调整后，单击鼠标右键，在弹出的快捷菜单中单击【完成】命令或者按 <Enter> 键确定即可。

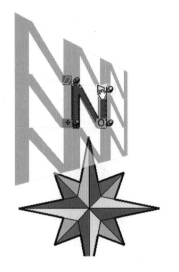
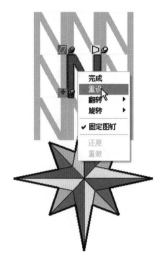

图 5-17 移动操作　　图 5-18 梯形变形操作　　图 5-19 缩放旋转操作

2.【自由图钉】模式

　　【自由图钉】模式适合设置和消除照片的扭曲。在【自由图钉】模式下，图钉相互之间都不限制，这样就可以将图钉拖动到任何位置。只须在贴图的右键快捷菜单中取消【固定图钉】命令，即可将【锁定图钉】模式调整为【自由图钉】模式，此时 4 个彩色的图钉都会变成相同的黄色图钉，用户可以通过拖动图钉进行贴图的调整，如图 5-20 所示。

　　为了更好地锁定贴图的角度，可以在【模型信息】对话框中设置角度的捕捉为 15 度或 45 度，如图 5-21 所示。

图 5-20 【固定图钉】命令　　　　图 5-21 【模型信息】对话框

5.4 复杂贴图运用

知识链接： 转角贴图

SketchUp 的贴图可以包裹模型转角。

动手操练—— 转角贴图

视频教程—— 光盘主界面 / 第 5 章 /5.4.1

执行【贴图调整】命令的方式如下：

在右键快捷菜单中，单击【纹理】|【位置】命令。

打开"5-2.skp"图形文件，使用【矩形】工具![](绘制矩形轮廓，使用【推 / 拉】工具 ![]推拉出一定厚度，使用【线条】工具 ![]和【移动】工具 ![]辅助完成石头的绘制，如图 5-22 所示。

打开【1.jpg】文件纹理图片，并添加到【材质】对话框中，接着将贴图材质赋予长方体的一个面，如图 5-23 所示。

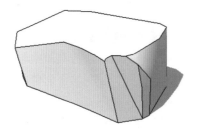

图 5-22 创建石头

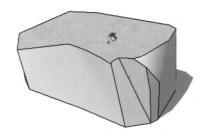

图 5-23 赋予材质

在贴图表面单击鼠标右键，然后在弹出的快捷菜单中单击【纹理】|【位置】命令，进入贴图坐标的操作状态，此时直接单击鼠标右键，在弹出的快捷菜单中单击【完成】命令，如图 5-24 所示。

单击【材质】对话框中的【样本颜料】按钮 ![](或者使用【材质】工具并配合 <Alt> 键），然后单击被赋予材质的面，进行材质取样，接着单击其相邻的表面，将取样的材质赋予相邻的表面，完成贴图，效果如图 5-25 所示。

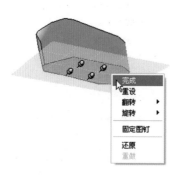

图 5-24 贴图

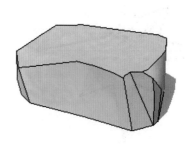

图 5-25 贴图材质

求生秘籍 —— 专业知识精选

色调的搭配：

建筑：主景可精细，配景单色即可。小品：以材质选取。铺装：深灰、浅灰搭配；暖色系搭配。植物：区分彩色树种与常绿树。

知识链接： 圆柱体的无缝贴图

圆柱体的无缝贴图，在贴图的右键快捷菜单中单击【位置】命令来调节贴图。

动手操练 —— 圆柱体的无缝贴图

视频教程 —— 光盘主界面 / 第 5 章 /5.4.2

执行【贴图调整】命令的方式如下：

在右键快捷菜单中，单击【纹理】|【位置】命令。

打开"5-3.skp"图形文件，如图 5-26 所示。

打开【2.jpg】文件纹理图片，并添加到【材质】对话框中，接着将贴图材质赋予圆柱体的一个面，会发现没有全部显示贴图，如图 5-27 所示。

图 5-26 　"5-3.skp"图形文件　　　　图 5-27 材质贴图

单击【视图】|【隐藏几何图形】命令，将物体网格显示出来。在物体上单击鼠标右键，然后在弹出的快捷菜单中单击【纹理】|【位置】命令，如图 5-28 所示，接着对圆柱体中的一个分面进行重设贴图坐标操作，再次单击鼠标右键，在弹出的快捷菜单中单击【完成】命令，如图 5-29 所示。

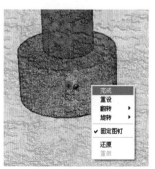

图 5-28 【位置】命令　　　　　　　图 5-29 调节图片

单击【材质】对话框中的【样本颜料】按钮，然后单击已经赋予材质的圆柱体的面，进行材质取样，接着为圆柱体的其他面赋予材质，此时贴图没有出现错位现象，完成贴图，效果如图 5-30 所示。

图 5-30 完成贴图

求生秘籍 —— 技巧提示

填色技巧：先填面再拉伸块，这样四周的面都有材质。填多种铺装样式时，先全部填充，再单独填充一种。

知识链接：投影贴图

SketchUp 的贴图坐标可以投影贴图，就像将一个幻灯片用投影机投影一样。如果希望在模型上投影地形图像或者建筑图像，那么投影贴图就非常有用。任何曲面不论是否被柔化，都可以使用投影贴图来实现无缝拼接。

求生秘籍 —— 专业知识精选

实际上，投影贴图不同于包裹贴图的花纹，包裹贴图的花纹是随着物体形状的转折而转折的，投影贴图的花纹大小不会改变，但是图像来源于平面，相当于把贴图拉伸，使其与三维实体相交，是贴图正面投影到物体上形成的形状。因此，使用投影贴图会使贴图有一定变形。

动手操练 —— 投影贴图

视频教程 —— 光盘主界面 / 第 5 章 /5.4.3

执行【投影】命令的方式如下：

在右键快捷菜单中，单击【纹理】|【投影】命令。

打开"5-4.skp"图形文件，单击【视图】|【工具栏】|【沙盒】命令，调出【沙盒】工具栏，【根据网格创建】工具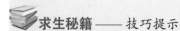，创建网格，使用【曲面拉伸】工具，拉伸出地块周边重要的山体模型，如图 5-31 所示。

在该地形的上方使用【矩形】工具创建一个矩形面，然后在【材质】对话框中选中【使用纹理图像】复选框，打开"3.jpg"文件纹理图片，并添加到【材质】对话框中，接着将贴图材质赋予矩形，如图 5-32 所示。

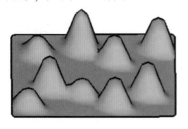
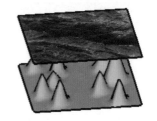

图 5-31 山体模型　　　　　图 5-32 创建矩形并赋予材质

在贴图上单击鼠标右键，在弹出的快捷菜单中单击【纹理】|【投影】命令，打开此选项，如图 5-33 所示。

图 5-33 【投影】命令

单击【材质】对话框中的【样本颜料】按钮，然后单击贴图图像，进行材质取样，接着将提取的材质赋予地形模型，如图 5-34 所示。

这种方法可以构建较为直观的地形地貌特征，如图 5-35 所示。

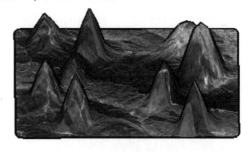

图 5-34 赋予材质　　　　　图 5-35 完成材质贴图

求生秘籍—— 专业知识精选

城市设计的基本原则：

①遵循总体规划所制订的指导精神。城市设计是城市规划的组成部分，应在总体规划的指导精神下进行工作，这里包括城市性质的制约、城市规模的制约、城市发展方向的制约和城市经济能力的制约。

②满足人的生产、生活的各项活动要求。人的需求有生理需求、安全需求、社会需求、心理需求和自我完善的需求。城市设计应充分考虑人的活动的多样性和复杂性，并把满足这些活动的要求作为出发点和最终检验标准。

③保持环境特征。

知识链接： 球面贴图

熟悉了投影贴图的原理，那么曲面的贴图问题自然也就迎刃而解了，因为曲面实际上就是由诸多三角面组成的。

动手操练—— 球面贴图

视频教程—— 光盘主界面 / 第 5 章 /5.4.4

执行【投影】命令的方式如下：

在右键快捷菜单中，单击【纹理】|【投影】命令。

打开"5-5.skp"图形文件，绘制球体的方法为：先绘制两个互相垂直、同样大小的圆，然后将其中一个圆的面删除，只保留边线，接着选择这条边线并激活【跟随路径】工具，最后单击平面圆的面，生成球体。再创建一个竖直的矩形平面，使矩形面的长宽与球体直径相一致，如图 5-36 所示。

图 5-36 绘制球体和矩形

然后在【材质】对话框中，选中【使用纹理图像】复选框，打开"4.jpg"文件纹理图片，并添加到【材质】对话框中，接着将贴图材质赋予矩形，如图 5-37 所示。

在矩形贴图面上单击鼠标右键，在弹出的快捷菜单中单击【纹理】|【投影】命令，如图 5-38 所示。

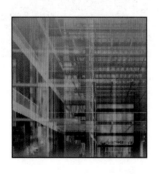

图 5-37 赋予材质　　　　图 5-38 【投影】命令

选中球体，切换到【材质】对话框中的【选择】选项卡，单击【样本颜料】按钮 ，然后单击贴图图像，进行材质取样，再赋予球体。完成后的效果如图 5-39 所示。

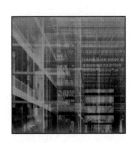

图 5-39 赋予材质

求生秘籍 —— 专业知识精选

　　每一地区在自然环境、历史传统、地域气候方面都有自己的特色，城市设计应突出各地区的特色，以加强识别性，用特色促进地区发展。地区的特色包括：①自然环境如地理位置、地形地貌、气候等；②人工环境如建筑形式、建筑色彩、建筑风格等；③人文环境如历史传统、民俗民风、社会风尚等。

知识链接：PNG 贴图

　　镂空贴图图片的格式要求为 PNG 格式，或者带有通道的 TIFF 格式和 TGA 格式。在【材质】对话框中可以直接调用这些格式的图片。另外，SketchUp 不支持镂空显示阴影，如果要得到正确的镂空阴影效果，需要将模型中的物体平面进行修改和镂空，尽量与贴图大致相同。

　　PNG 格式是 20 世纪 90 年代中期开发的图像文件存储格式，其目的是欲替代 GIF 格式和 TIFF 格式。PNG 格式增加了一些 GIF 格式文件所不具备的特性，在 SketchUp 中主要运用它的透明性。PNG 格式的图片可以在 PhotoShop 中进行制作。

5.5　本章小结

　　本章介绍了使用 SketchUp 材质与贴图赋予模型材质的方法，调整材质坐标的方法，以及运用材质贴图来创建模型的方法。一个好的材质贴图能够更准确地表达设计意图，所以用户要多加练习，以巩固所学知识。

第 2 篇

设计工具应用篇

第6章
组与组件

📚**本章导读**

　　SketchUp 抓住了设计师的职业需求，不依赖图层，而是提供了更加方便的组／组件管理功能，这种分类和现实生活中物体的分类十分相似。用户之间还可以通过组或组件进行资源共享。并且，它们十分容易被修改。本章将系统介绍 SketchUp 中组和组件的相关知识，包括组和组件的创建、编辑、共享及动态组件的制作原理。

知识点	学习目标	了解	理解	应用	实践
掌握创建组、编辑组的方法		√	√	√	√
掌握制作和插入组件的方法		√	√	√	√
掌握编辑组件的方法		√	√	√	√
掌握动态组件的方法		√	√	√	√

（学习要求）

6.1 创建组

🔑**知识链接：** 创建组

　　组是一些点、线、面或者实体的集合。组与组件的区别在于它没有组件库和关联复制的特性。但是组可以作为临时性的群组管理，并且不占用组件库，也不会使文件变大，所以使用起来还是很方便的。

动手操练——创建组

视频教程——光盘主界面 / 第 6 章 /6.1

　　执行【创建组】命令主要有以下两种方式：

　　在菜单栏中，单击【编辑】|【创建组】命令。

　　在右键快捷菜单中单击【创建组】命令。

　　打开"6-1.skp"图形文件，选中要创建为组的物体，然后在物体上单击鼠标右键，在弹出的快捷菜单中单击【创建组】命令。创建组的快捷键为 < G > 键，也可以单击【编辑】|【创建组】命令。组创建完成后，外侧会出现高亮显示的边界框，创建组前后的效果如图 6-1 和图 6-2 所示。

图 6-1 创建组之前

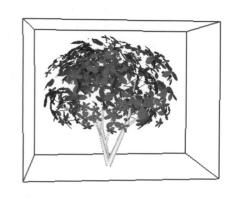

图 6-2 创建组之后

组的优势有以下 5 点：

① 快速选择。选中一个组就选中了组内的所有元素。

② 几何体隔离。组内的物体和组外的物体相互隔离，操作互不影响。

③ 协助组织模型。几个组还可以再次成组，形成一个具有层级结构的组。

④ 提高建模速度。用组来管理和组织划分模型，有助于节省计算机资源，提高建模和显示的速度。

⑤ 快速赋予材质。分配给组的材质会由组内使用默认材质的几何体继承，而事先制定了材质的几何体不会受到影响，这样可以大大提高赋予材质的效率。当组被分解以后，此特性就无法应用了。

求生秘籍 —— 技巧提示

Q 提问：图片创建树的组件的过程是什么？

A 回答：①在 PhotoShop 中打开树的图片；②使用【选择】菜单中的【色彩范围】将树的背景选中；③反选选区后，选择存储选区；④另存为 TIFF 图像，关闭 PhotoShop。

6.2 编辑组

知识链接： 编辑组

创建的组可以被分解，分解后组将恢复到成组之前的状态，同时组内的几何体会和外部相连的几何体结合，并且嵌套在组内的组则会变成独立的组。当需要编辑组内部的几何体时，就需要进入组的内部进行操作。在组上双击鼠标左键，或者单击鼠标右键，在弹出的快捷菜单中单击【编辑组】命令，即可进入组进行编辑。

求生秘籍 —— 技巧提示

SketchUp 组件比组更加占用内存。SketchUp 中如果整个模型都细致地进行了分组，那么你可以随时分解某个组，而不会与其他几何体粘在一起。

动手操练 —— 编辑组

视频教程 —— 光盘主界面 / 第 6 章 /6.2

执行【编辑组】命令主要有以下两种方式：

双击组，进入组内部进行编辑。

在右键快捷菜单中单击【编辑组】命令。

打开"6-1.skp"图形文件，分解组的方法：选中要分解的组，然后单击鼠标右键，接着在弹出的快捷菜单中单击【分解】命令，如图 6-3 所示。

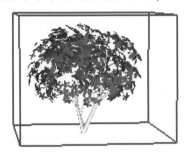

图 6-3 【分解】命令

进入组的编辑状态后，组的外框会以虚线显示，其他外部物体以灰色显示（表示不可编辑状态），如图 6-4 所示。在进行编辑时，用户可以使用外部几何体进行参考捕捉，但是组内编辑不会影响到外部几何体。

完成组内的编辑后，在组外单击鼠标左键或者按 <Esc> 键即可退出组的编辑状态，用户也可以单击【编辑】|【关闭组／组件】命令退出组的编辑状态，如图 6-5 所示。

图 6-4 编辑组　　　　　图 6-5 【关闭组 / 组件】命令

在创建的组上单击鼠标右键，将弹出一个快捷菜单，如图 6-6 所示。

【图元信息】：选择该命令将弹出【图元信息】对话框，可在此浏览和修改组的属性参数，如图 6-7 所示。

图 6-6 右键快捷菜单　　　　图 6-7 【图元信息】对话框

【选择颜料】窗口 ▨：单击该窗口将弹出【选择颜料】对话框，用于显示和编辑赋予组的材质。如果没有应用材质，将显示为默认材质。

【图层】：该命令用于显示和更改组所在图层。

【名称】：该命令用于编辑组的名称。

【体积】：该命令用于显示组的体积大小。这也是 SketchUp 8 新增加的一项显示信息。

【隐藏】：选中该复选框后，组将被隐藏。

【已锁定】：选中该复选框后，组将被锁定，组的边框将以红色高亮显示。

【投射阴影】：选中该复选框后，组可以产生阴影。

【接收阴影】：选中该复选框后，组可以接受其他物体的阴影。

【删除】：该命令用于删除当前选中的组。

【隐藏】：该命令用于隐藏当前选中的组，如图 6-8 所示。如果事先在【视图】菜单中选择了【隐藏几何图形】命令（快捷键为 <Alt+H> 组合键），则所有隐藏的物体将以网格显示并可选择，如图 6-9 所示。如果要取消该物体的隐藏，可以单击鼠标右键，然后在弹出的快捷菜单中单击【取消隐藏】命令即可。

图 6-8 隐藏组

【创建组件】：该命令用于将组转换为组件。

【解除黏接】：如果一个组件是在一个表面上拉伸创建的，那么该组件

图 6-9 隐藏几何图形

在移动过程中就会存在吸附这个面的现象，从而无法参考捕捉其他面的点，这时单击【解除黏接】命令，使物体自由捕捉参考点进行移动。

　　【重设比例】：该命令用于取消对组的所有缩放操作，恢复原始比例和尺寸大小。

　　【重设倾斜】：该命令用于恢复对组的扭曲变形操作。

求生秘籍 —— 技巧提示

　　Q 提问：CAD 文件导入 SketchUp 的方法是什么？

　　A 回答：精简 CAD 图纸，保留基本的边界和位置线，并另存为 AutoCAD 2004 格式。在 SketchUp 选择导入，选择格式为 ACAD FILES（*.DWG，*.DWF），选中【合并共面的面】和【面的方式保持一致】复选框，单位按照实际选择。

6.3　制作和插入组件

知识链接：创建组件

　　组件是将一个或多个几何体的集合定义为一个单位，使之可以像一个物体那样进行操作。组件可以是简单的一条线，也可以是整个模型，其尺寸和范围也没有限制。

　　组件与组类似，但多个相同的组件之间具有关联性，可以进行批量操作，在与其他用户或其他 SketchUp 组件之间共享数据时也更为方便。

　　组件的优势有以下 6 点。

　　①独立性。组件可以是独立的物体，小至一条线，大至住宅、公共建筑，包括附着于表面的物体，例如门窗、装饰构架等。

　　②关联性。对一个组件进行编辑时，与其关联的组件将会同步更新。

　　③附带组件库。SketchUp 附带一系列预设组件库，并且还支持自建组件库，用户只须将自建的模型定义为组件，并保存到安装目录的 Components 文件夹中即可。在【系统使用偏好】对话框的【文件】选项卡中，用户可以查看组件库的位置，如图 6-10 所示。

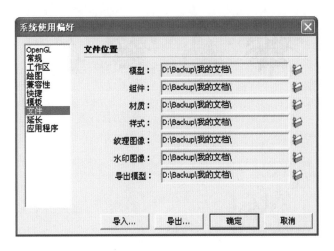

图 6-10　【系统使用偏好】对话框

④与其他文件链接。组件除了存在于创建他们的文件中，还可以导出到别的 SketchUp 文件中。

⑤组件替换。组件可以被其他文件中的组件替换，以满足不同精度的建模和渲染要求。

⑥特殊的行为对齐。组件可以对齐到不同的表面上，并且在附着的表面上挖洞开口。组件还拥有自己内部的坐标系。

求生秘籍——技巧提示

灵活运用组件可以节省绘图时间、提升效率。

动手操练——创建组件

视频教程——光盘主界面/第 6 章/6.3.1

执行【创建组件】命令主要有以下几种方式：

在菜单栏中，单击【编辑】|【创建组件】命令。

直接按键盘上的 <G> 键。

在右键快捷菜单中单击【创建组件】命令。

打开"6-2.skp"图形文件，组与组件有一个相同的特性，就是将模型的一组元素制作成一个整体，以便编辑和管理。

组的主要作用有两个。

第 1 个是"选择集"，对于一些复杂的模型，选择起来会比较麻烦，计算机负载也比较繁重，需要隐藏一部分物体加快操作速度，这时组的优势就显现了，用户可以通过组快速选到所需要修改的物体而不必逐一选取。

第 2 个是"保护罩"，当在组内编辑时完全不必担心对群组以外的实体进行误操作。

而组件则拥有组的一切功能且能够实现关联修改，是一种更强大的【组】。一个组件通过复制得到若干关联组件（或称相似组件）后，编辑其中一个组件时，其余关联组件也会一起进行改变，而对群组（组）进行复制后，如果编辑其中的一个组，其他复制的组不会发生改变，如图 6-11 至图 6-13 所示。

图 6-11 树叶为组件，花为组，复制

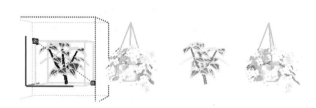

图 6-12 调整树叶，跟随改变

图 6-13 调整花，不跟随改变

选中要定义为组件的物体，然后单击鼠标右键，在弹出的快捷菜单中单击【创建组件】命令（也可单击【编辑】|【创建组件】命令），或者激活【创建组件】工具即可将选择的物体制作成组件，如图 6-14 所示。

单击【创建组件】命令后，将会弹出一个【创建组件】对话框，用于设置组件的信息，如图 6-15 所示。

图 6-14 【创建组件】命令　　　　图 6-15 【创建组件】对话框

【名称】/【描述】文本框：在这两个文本框中，用户可以为组件命名以及对组件的重要信息进行描述。

【黏接至】：该命令用来指定组件插入时所要对齐的面，用户可以在下拉列表框中选择【无】、【所有】、【水平】、【垂直】或【倾斜】。

【切割开口】：该命令用于在创建的物体上开洞，例如门窗等。选中此复选框后，组件将在与表面相交的位置剪切开口。

【总是朝向镜头】：该命令可以使组件始终对齐视图，并且不受视图变更的影响。如果定义的组件为二维配景，则需要选中此复选框，这样可以用一些二维物体来代替三维物体，使文件不至于因为配景而变得过大，如图 6-16 和图 6-17 所示。

【阴影朝向太阳】：该命令只有在选中【总是朝向镜头】复选框后才能生效，可以保证物体的阴影随着视图的改变而改变，如图 6-18 和图 6-19 所示。

【设置组件轴】按钮 设置组件轴 ：单击该按钮可以在组件内部设置坐标轴，如图 6-20所示。

第
6
章

图 6-16 创建组件禁用
【总是朝向镜头】复选框的效果

图 6-17 创建组件启用
【总是朝向镜头】复选框的效果

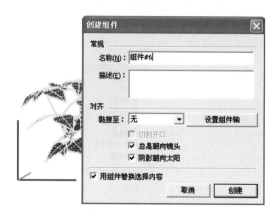

图 6-18 取消【阴影朝向太阳】复选框

图 6-19 选中【阴影朝向太阳】复选框

图 6-20 设置坐标轴

【用组件替换选择内容】：选中该复选框可以将制作组件的源物体转换为组件。如果取消此复选框，原来的几何体将没有任何变化，但是在组件库中可以发现制作的组件已经被进行添加，仅仅是模型中的物体没有变化而已。

完成组件的制作后，用户在【组件】对话框中可以修改组件的属性，只须选择一个需要修改的组件，然后在【编辑】选项卡中进行修改即可，如图 6-21 所示。

若要将制作的组件单独保存为 .skp 文件，只须选中组件，然后单击鼠标右键，在弹出的快捷菜单中单击【存储为】命令即可（或者单击【文件】|【另存为】命令），如图 6-22 所示。

图 6-21　【组件】对话框

图 6-22　【另存为】对话框

求生秘籍 —— 专业知识精选

SketchUp 中选择模型时，双击一个单独的面可以同时选中这个面和组成这个面的线。

知识链接： 插入组件

在 SketchUp 中插入组件的方法有以下两种。

第 1 种方法，单击【窗口】|【组件】命令弹出【组件】对话框，然后在【选择】选项卡中选中组件，接着在绘图区单击，即可将选择的组件插入当前视图。

第 2 种方法，单击【文件】|【导入】命令，将组件从其他文件中导入到当前视图，也可以将另一个视图中的组件复制粘贴到当前视图中（注意：使用相同的 SketchUp 版本）。

求生秘籍 —— 技巧提示

Q 提问：如何在 SketchUp 中利用组件来建立场景中重复的单元？

A 回答：用户不要忙于在放置一个组件的复制品与场景中之前将组件做得很细致，可以先建立一个大概的体块，做成组件，在需要的位置复制这个组件，然后回过头来编辑其中一个，将它做得细致些。

动手操练 —— 插入组件

视频教程 —— 光盘主界面／第 6 章／6.3.2

执行【插入组件】命令主要有以下两种方式：

在菜单栏中，单击【窗口】｜【组件】命令。

在菜单栏中，单击【文件】｜【导入】命令。

打开 "6-3.skp" 图形文件，在 SketchUp 中自带了一些二维人物组件。这些人物组件可随视线转动面向相机，如果要使用这些组件，直接将其拖动到绘图区即可，如图 6-23 所示。

当组件被插入到当前模型中时，SketchUp 会自动激活【移动／复制】工具，并自动捕捉组件坐标的原点，组件将其内部坐标原点作为默认的插入点。

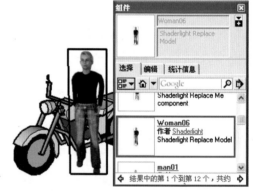

图 6-23 添加二维人物组件

若要改变默认的插入点，用户必须在组件插入之前更改其内部坐标系。单击【窗口】｜【模型信息】命令，弹出【模型信息】对话框，然后在【组件】选项卡中选中【显示组件轴】复选框即可显示内部坐标系，如图 6-24 所示。

其实在安装完 SketchUp 后，系统内部就已经有了一些这样的素材。SketchUp 安装文件并没有附带全部的官方组件，用户可以登录官方网站 http://SketchUp.google.com/3dwarehouse/ 下载全部的组件安装文件（注意：官方网站上的组件是不断更新和增加的，需要及时下载更新）。另外，还可以到官方论坛网站 http:// www.SketchUpbbs.com 下载更多的组件，充实自己的 SketchUp 配景库。

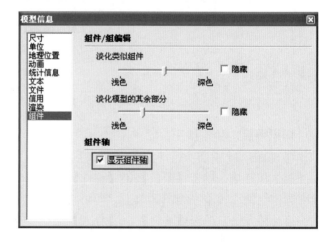

图 6-24 【显示组件轴】复选框

SketchUp 中的配景也是通过插入组件的方式放置的，这些配景组件可以从外部获得，也可以自己制作。人、车、树配景可以是二维组件物体，也可以是三维组件物体。在第 5 章有关 PNG 贴图的学习中，我们对几种树木组件的制作过程进行了讲解，用户可以根据场景设计风格进行不同树木组件的制作及选用。

求生秘籍——专业知识精选

城市设计的工作对象是城市构成的所有物质要素，包括建筑物、道路、广场、绿化、建筑小品、人工环境、自然环境等。

6.4 编辑组件

知识链接： 编辑组件

创建组件后，组件中的物体会被包含在组件中而与模型的其他物体分离。SketchUp 支持对组件中的物体进行编辑，这样可以避免分解组件进行编辑后再重新制作组件。

如果要对组件进行编辑，最常用的是双击组件进入组件内部编辑，当然还有很多其他编辑方法，下面进行详细介绍。

求生秘籍——技巧提示

在 SketchUp 中，无论是源组件还是复制组件，只要改变其中一个组件，剩余组件都会自动跟着改变。这是 SketchUp 非常有用的功能。

在组件内部剪切（快捷键为 <Ctrl+X> 组合键）将要排除的元素，单击空白处退出组件，接着进行粘贴（快捷键为 <Ctrl+V> 组合键）就可以达到将组件内部模型剪切到组件外部的目的了。对于嵌套的组或组件，还可以通过选择【窗口】|【大纲】菜单命令打开【大纲】浏览器，在该浏览器中，用户可以方便地选择组或组件或者设置组的层级模式。

动手操练——编辑组件

视频教程——光盘主界面 / 第 6 章 /6.4

执行【编辑组件】命令主要有以下两种方式：

双击组进入组内部编辑。

在右键快捷菜单中单击【编辑组件】命令。

1. 组件对话框

【组件】对话框常用于插入预设的组件，它提供了 SketchUp 组件库的目录列表，如图 6-25 所示。

（1）【选择】选项卡

【查看选项】按钮 ：单击该按钮将弹出一个下拉菜单，其中包含了【小缩略图】、【大缩略图】、【详细信息】、【列表】4 种图标显示方式和【刷新】命令，该按钮图标会随着显示方式的改变而改变，如图 6-26 和图 6-27 所示。

图 6-25 组件库的目录列表

图 6-26 大缩略图显示

图 6-27 详细信息显示

【在模型中】按钮⌂：单击该按钮将显示当前模型中正在使用的组件，如图 6-28 所示。

【导航】按钮▼：单击该按钮将弹出一个下拉菜单，用户可以通过【在模型中】和【组件】命令切换显示的模型目录，如图 6-29 所示。

图 6-28 【在模型中】显示样式

图 6-29 【导航】按钮

【详细信息】按钮▣：当选中模型中的一个组件时，单击该按钮将会弹出一个快捷菜单。其中的【另存为本地集合】命令用于将选择的组件进行保存；【清除未使用项】命令用于清理多余的组件，以减小文件的大小，如图 6-30 所示。

如果选中的是组件库中的组件，那么单击【详细信息】按钮，将会弹出如图 6-31 所示的菜单。

在【组件】对话框的最下面是一个显示框，当选择一个组件后，组件所在位置就会在这里显示。例如，选择一个模型中的组件，那么这里将显示为【在模型中】，如图 6-32 所示。

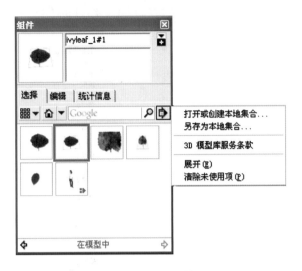

图 6-30 【详细信息】按钮（一）

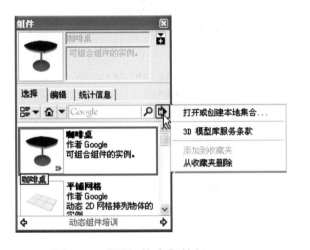

图 6-31 【详细信息】按钮（二）

图 6-32 在模型中

显示框左右两侧的按钮用于浏览组件库时进行前进或者后退操作。

（2）【编辑】选项卡

当选中了模型中的组件时，用户可以在【编辑】选项卡中进行【黏接至】、【切割开口】和【阴影朝向】选项的设置，如图 6-33 所示。

关于【黏接至】、【切割开口】和【阴影朝向】的设置，我们在 6.3 节中已经详细介绍过，在此不再赘述。

（3）【统计信息】选项卡

当选中了模型中的组件时，用户在打开的【统计信息】选项卡中可以查看组件中的各种几何体的数量，如图 6-34 所示。

2. 组件的右键快捷菜单

由于组件的右键快捷菜单与群组的右键快捷菜单中

图 6-33 【组件】对话框中的【编辑】选项卡

的命令相似，因此这里只对一些常用的命令进行讲解。组件的右键快捷菜单如图 6-35 所示。

图 6-34 【组件】
对话框中的【统计信息】选项卡

图 6-35 组件的右键快捷菜单

　　【锁定】：该命令用于锁定组件，使其不能被编辑，避免进行误操作。被锁定组件的边框显示为红色。执行该命令锁定组件后，【锁定】命令将变为【解锁】命令。

　　【设置为自定项】：相同的组件具有关联性，但是有时候需要对一个或几个组件进行单独编辑，这时就需要用到【设置为自定项】命令，使用该命令后，用户对单独处理的组件进行编辑，将不会影响其他组件。

　　【分解】：该命令用于分解组件，分解的组件不再与相同的组件相关联，包含在组件内的物体也会被分离，嵌套在组件中的组件则成为新的独立的组件。

　　【更改轴】：该命令用于重新设置坐标轴。

　　【重设比例】/【重设倾斜】/【比例定义】：组件的缩放与普通的缩放有所不同。如果直接对一个组件进行缩放，不会影响其他组件的比例大小；而进入组件内部进行缩放，则会改变所有相关联的组件。对组件进行缩放后，组件会变形，此时单击【重设比例】或者【重设倾斜】命令就可以恢复组件原型。

　　【翻转方向】：该命令的子菜单中选择镜像的轴线所对应的组件颜色，即可完成镜像。

3. 淡化显示相似组件和剩余模型

（1）通过【模型信息】对话框

单击【窗口】|【模型信息】命令，弹出【模型信息】对话框，在【组件】选项卡中，用户可以通过移动滑块设置组件的淡化显示效果，也可以选中【隐藏】复选框隐藏相似组件或其余模型，如图 6-36 所示。

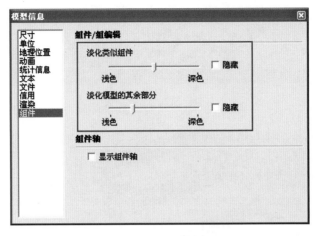

图 6-36　【组件】选项卡

（2）通过查看菜单

为便于操作，用户可以单击【视图】|【组件编辑】|【隐藏模型的其余部分】命令，将外部物体隐藏，如图 6-37 所示。

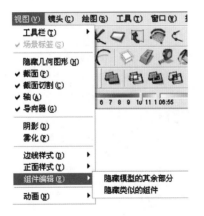

图 6-37　【组件编辑】命令

从图 6-37 中可以看到，在【组件编辑】命令的子菜单中除了【隐藏模型的其余部分】命令外，还有一个【隐藏类似的组件】命令，该命令用于隐藏或显示同一性质的其他组件物体。下面就对这两个命令的用法分别进行讲解。

①打开"6-4.skp"图形文件，隐藏模型的其余部分，显示类似组件，如图 6-38 所示。

②隐藏类似的组件，显示剩余模型，如图 6-39 所示。

③显示剩余模型，同时显示相似组件，如图 6-40 所示。

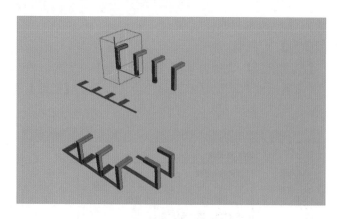

图 6-38 隐藏模型的其余部分

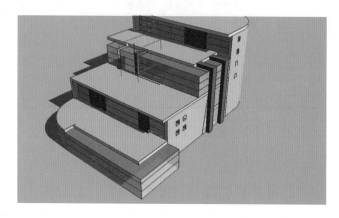

图 6-39 隐藏类似的组件

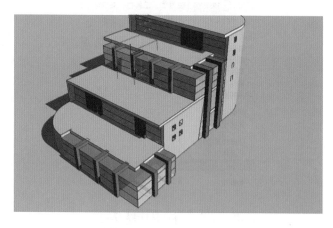

图 6-40 显示剩余模型

4. 组件的浏览与管理

打开 "6-5.skp" 图形文件。【大纲】对话框用于显示场景中的所有组和组件, 包括嵌套的内容。在一些大的场景中, 组和组件层层相套, 编辑起来容易混淆, 而【大纲】浏览器以树形结构列表显示了组和组件, 条目清晰便于查找和管理。

单击【窗口】|【大纲】命令, 即可弹出【大纲】对话框, 如图 6-41 所示。在【大纲】对话框的树形列表中可以随意移动组与组件的位置。

另外，用户还可以通过【大纲】对话框修改组和组件的名称，如图 6-42 所示。

图 6-41 【大纲】命令　　　　　　　　　图 6-42 重命名组件

【过滤】文本框：在【大纲】对话框的【过滤】文本框中输入要查找的组件名称，即可查找场景中的组或者组件。

【详细信息】按钮 ：单击该按钮将弹出一个快捷菜单，该菜单中的命令用于一次性全部折叠或者全部展开树形结构列表。

5. 为组件赋予材质

打开"6-6.skp"图形文件。对组件赋予材质时，所有默认材质的表面将会被指定的材质覆盖，而事先被指定了材质的表面不受影响。

组件的赋予材质操作只对指定的组件单体有效，对其他关联材质无效，因此 SketchUp 中相同的组件可以有不同的材质，但是在组件内部赋予材质时，其他相关联组件的材质也会跟着改变，如图 6-43 和图 6-44 所示。

图 6-43 在组件外部赋予材质　　　　　　图 6-44 进入组件内部赋予材质

求生秘籍 —— 专业知识精选

居住区的规划布局，应综合考虑路网结构、公建与住宅布局、群体组合、绿地系统及空间环境等的内在联系，力求构成一个完善的、相对独立的有机整体。此外还应遵循下列原则：

①方便居民生活，有利组织管理；②组织与居住人口规模相对应的公共活动中心，方便经营、使用和社会化服务；③合理组织人流、车流，有利于安全防卫；④布局合理，空间充裕，环境美，体现地方特色。

6.5 动态组件

知识链接： 动态组件

动态组件（Dynamic Components）使用起来非常方便，在制作楼梯、门窗、地板、玻璃幕墙、篱笆栅栏等方面应用得较为广泛，例如当缩放一扇带边框的门窗时，用户并不希望边框也随之变动，这项功能可以实现门（窗）框尺寸不变，只改变门（窗）整体尺寸。用户也可通过登录 Google 3D 模型库，下载所需动态组件。

总结这些组件的属性并加以分析，可以发现动态组件具有以下特征：固定某个构件的参数（尺寸、位置等），复制某个构件，调整某个构件的参数，调整某个构件的活动性等。具备以上一种或多种属性的组件即可被称为动态组件。

动手操练 —— 动态组件

视频教程 —— 光盘主界面 / 第 6 章 /6.5

执行【动态组件】工具栏命令的方式如下：

在菜单栏中，单击【视图】|【工具栏】|【动态组件】命令。

1. 动态组件工具栏

【动态组件】工具栏包含了 3 个工具，分别为【与动态组件互动】工具 、【组件选项】

工具 和【组件属性】工具 ，如图 6-45 所示。

（1）【与动态组件互动】工具

打开 "6-7.skp" 图形文件，激活【与动态组件互动】工具

图 6-45【动态组件】
工具栏

，然后将光标指向动态组件（启动 SketchUp 8 时，界面中默认出现的人物就是动态组件），此时光标上会多出一个星

号，随着光标在动态组件上单击，组件就会动态显示不同的属性效果，如图 6-46 所示。

（2）【组件选项】

激活【组件选项】工具 ，将弹出【组件选项】对话框，如图 6-47 所示。

激活【组件属性】工具 将弹出【组件属性】对话框，在该对话框中，用户可以为选中的动态组件添加属性，例如添加材质等，如图 6-48 和图 6-49 所示。

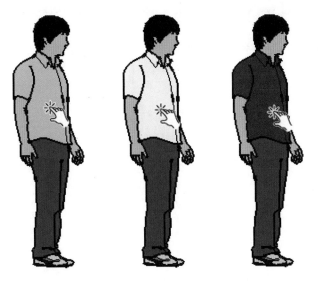

图 6-46　与动态组件互动

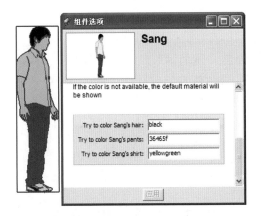

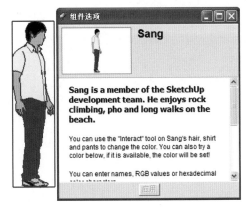

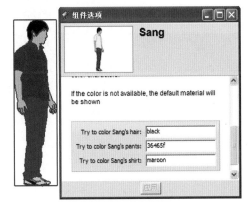

图 6-47　【组件选项】对话框

第
6
章

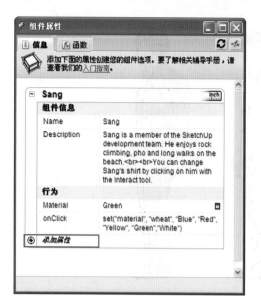

图 6-48 【组件属性】对话框

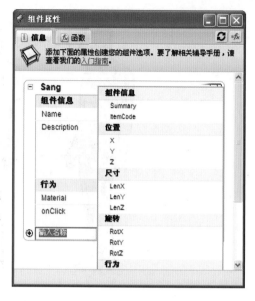

图 6-49 添加属性

求生秘籍 —— 专业知识精选

居住区的空间与环境设计应遵守的原则有:

① 合理布置公共服务设施,避免烟、气、味、尘及噪声对居民的污染和干扰;②建筑应体现地方风格、突出个性,群体建筑与空间层次应在协调中求变化;③精心设置建筑小品,丰富与美化环境;④注重景观与空间的完整性,市政公用站点、停车库等小建筑宜与住宅或公建结合安排,供电、电讯、路灯等管线宜地下埋设;⑤公共活动空间的环境设计,应处理好建筑、道路、广场、院落、绿地和建筑小品之间及其与人活动之间的相互关系。

6.6 本章小结

本章学习了 SketchUp 中【组/组件】的管理功能,使绘制图形更加分类清晰,用户之间还可以通过组或组件进行资源共享,在修改图形的时候也更加得心应手。

第7章
页面设计

本章导读

　　一般在设计方案初步确定以后，我们会以不同的角度或属性设置不同的储存场景，通过【场景】标签的选择，可以便捷地进行多个场景视图的切换，便捷地对方案进行多角度对比。另外，通过场景的设置可以批量导出图片。

知识点 \ 学习目标	了解	理解	应用	实践
掌握新建页面的方法	√	√	√	√
掌握调整页面管理器方法	√	√	√	√
掌握幻灯片演示的方法	√	√	√	√

（表格左侧："学习要求"）

7.1 场景及场景管理器

知识链接： 场景及场景管理器

　　SketchUp 中场景的功能主要用于保存视图和创建动画，场景可以存储显示设置、图层设置、阴影和视图等，通过绘图窗口上方的场景标签可以快速切换场景显示。SketchUp 8 新增了场景缩略图功能，用户可以在【场景】管理器中进行直观的浏览和选择。

　　单击【窗口】|【场景管理】命令即可弹出【场景】管理器，用户可以在此添加和删除场景，也可以对场景进行属性修改，如图 7-1 所示。

　　【添加场景】按钮 ⊕：单击该按钮将在当前场景设置下添加一个新的场景。

　　【删除场景】按扭 ⊖：单击该按

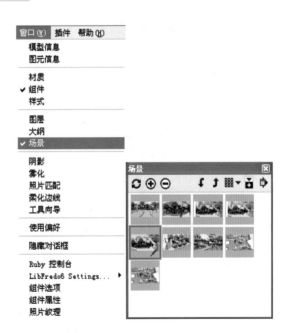

图 7-1 【场景】对话框

钮将删除选择的场景，也可以在场景标签上单击鼠标右键，然后在弹出的菜单中单击【删除】命令进行删除。

【更新场景】按钮 🔁：如果对场景进行了改变，则需要单击该按钮进行更新，也可以在场景标签上单击鼠标右键，然后在弹出的快捷菜单中单击【更新】命令。

【向下移动场景】按钮 ↓／【向上移动场景】按钮 ↑：这两个按钮用于移动场景的前后位置，也可以在场景标签上单击鼠标右键，然后在弹出的快捷菜单中单击【左移】或者【右移】命令。

单击绘图窗口左上方的场景标签可以快速切换所记录的视图窗口。在场景标签上单击鼠标右键也能弹出场景管理的命令菜单，可对场景进行更新、添加或删除等操作，如图 7-2 所示。

图 7-2 右键快捷菜单

【查看选项】按钮 ▦▾：单击此按钮可以改变场景视图的显示方式，如图 7-3 所示。在缩略图右下角有一个铅笔的场景，表示为当前场景。在场景数量多并且难以快速准确找到所需场景的情况下，这项新增功能显得非常重要。

SketchUp 8 的【场景】管理器新增加了场景缩略图，可以直观显示场景视图，使查找场景变得更加方便，也可以用鼠标右键单击缩略图进行场景的添加和更新等操作，如图 7-4 所示。

图 7-3 【查看选项】按钮　　　　图 7-4 右键快捷菜单

在创建场景时，或者将 SketchUp 低版本中创建的含有场景属性的模型在 SketchUp 8 中打开生成缩略场景时，可能需要一定的时间进行场景缩略图的渲染，这时可选择等待或者取消渲染操作，如图 7-5 所示。

【隐藏 / 显示详细信息】按钮 🖳：每一个场景都包含了很多属性设置，如图 7-6 所示。单击该按钮即可显示或者隐藏这些属性。

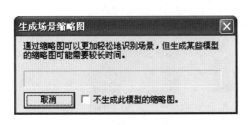

图 7-5　生成场景缩略图　　　　　　图 7-6　【显示详细信息】按钮的子菜单

　　【包含在动画中】：当动画被激活以后，选中该复选框，则场景会连续显示在动画中。如果取消此复选框，则播放动画时会自动跳过该场景。

　　【名称】：可以修改场景的名称，也可以使用默认的场景名称。

　　【说明】：可以为场景添加简单的描述。

　　【要保存的属性】：包含了很多属性选项，选中则记录相关属性的变化，不选则不记录。在不选的情况下，当前场景的这个属性会延续上一个场景的特征。例如取消【阴影设置】复选框，那么从前一个场景切换到当前场景时，阴影将停留在前一个场景的阴影状态下；同时，当前场景的阴影状态将被自动取消。如果需要恢复，用户就必须再次选中【阴影设置】复选框，并重新设置阴影，还需要再次刷新。

求生秘籍——技巧提示

　　在某个页面中增加或删除几何体会影响到整个模型，其他页面也会相应增加或删除。而每个页面的显示属性却都是独立的。

动手操练——场景及场景管理器

视频教程——光盘主界面 / 第 7 章 /7.1

　　执行【场景】管理器命令的方式如下：

　　在菜单栏中，单击【窗口】|【场景】命令。

　　打开"7-1.skp"图形文件，然后单击【窗口】|【场景】命令，接着在弹出的【场景】对话框中，单击【添加场景】按钮⊕，完成【场景号 1】的添加，如图 7-7 所示。

　　调整视图，再次单击【添加场景】按钮⊕，完成【场景号 2】的添加，如图 7-8 所示。

　　采用同样的方法，完成其他页面的添加，如图 7-9~ 图 7-14 所示。

求生秘籍 —— 专业知识精选

　　居住区住宅建筑和规划设计应综合考虑用地条件、选型、朝向、间距、绿地、层数与密度、布置方式、群体组合和空间环境等因素。

图 7-7 添加场景号 1

图 7-8 添加场景号 2

图 7-9 添加场景号 3

图 7-10　添加场景号 4

图 7-11　添加场景号 5

图 7-12　添加场景号 6

第 7 章

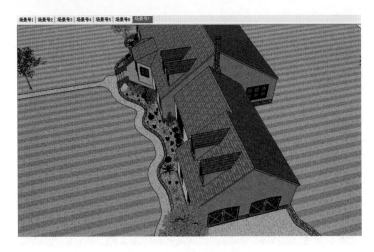

图 7-13 添加场景号 7

图 7-14 添加场景号 8

7.2 幻灯片演示

知识链接： 幻灯片演示

　　首先设定一系列不同视角的场景，并尽量使得相邻场景之间的视角与视距不要相差太远，数量也不宜太多，只须选择能充分表达设计意图的代表性场景即可，然后单击【视图】|【动画】|【播放】命令，即可弹出【动画】对话框，单击【播放】按钮即可播放场景的展示动画，单击【停止】按钮即可暂停动画的播放，如图 7-15 所示。

图 7-15 【动画】对话框

求生秘籍——技巧提示

　　SketchUp 合理的分层功能把暂时不需要的层关闭，从而提高运算速度（大文件）。

动手操练 —— 幻灯片演示
视频教程 —— 光盘主界面 / 第 7 章 /7.2

执行【模型信息】命令主要有以下两种方式：

在菜单栏中，单击【窗口】|【模型信息】命令。

在菜单栏中，单击【视图】|【动画】|【设置】命令。

打开"7-2.skp"文件，此时文件已设置好不同场景，如图 7-16 所示。

图 7-16 不同场景

单击【视图】|【动画】|【设置】命令（图 7-17）将打开【模型信息】对话框中的【动画】选项卡，用户在这里可以设置场景切换时间和定格时间。选中【启用场景转换】复选框，设置为 5 秒。为了使动画播放流畅，一般将【场景延时】设置为 0 秒，如图 7-18 所示。

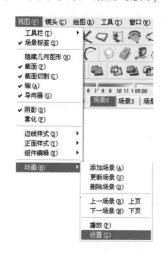

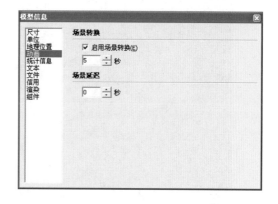

图 7-17 【视图】|【动画】|【设置】命令　　　　图 7-18 【模型信息】对话框

单击【视图】|【动画】|【播放】命令，即可弹出【动画】对话框。单击【播放】按钮即可播放场景的展示动画，单击【停止】按钮即可暂停动画的播放，如图 7-19 所示。

第
7
章

图 7-19 【动画】对话框

播放的幻灯片场景，如图 7-20~ 图 7-22 所示。

图 7-20 播放幻灯片场景 1

图 7-21 播放幻灯片场景 2

图 7-22　播放幻灯片场景 3

7.3　本章小结

本章介绍了怎样添加不同角度的场景并保存。用户可以方便地进行多个场景视图的切换。另外，也可以导出设置好的场景图片，以便让设计师能更好地多角度地观察图形。

第 7 章

第8章
动画设计

本章导读

制作展示动画，并结合【阴影】或【剖切面】制作出生动有趣的光影动画和生长动画，为实现"动态设计"提供条件。本章将系统介绍图像的导出以及动画的制作等有关内容。

	学习目标 知识点	了解	理解	应用	实践
学习要求	掌握导出 AVI 格式动画的方法	√	√	√	√
	掌握制作方案展示动画的方法	√	√	√	√
	掌握使用 Premiere 软件编辑动画的方法	√	√	√	√
	掌握批量导出场景图像	√	√	√	√

8.1 导出 AVI 格式的动画

知识链接： 导出 AVI 格式的动画

对于简单的模型，采用幻灯片播放能保持平滑动态显示，但在处理复杂模型时，如果仍要保持画面流畅就需要导出动画文件了。这是因为采用幻灯片播放时，每秒显示的帧数取决于计算机的即时运算能力，而导出视频文件的话，SketchUp 会使用额外的时间来渲染更多的帧，以保证画面的流畅播放。导出视频文件需要更多的时间。

想要导出动画文件，只须单击【文件】|【导出】|【动画】命令，然后在弹出的【输出动画】对话框中设定导出格式为【Avi 文件（*.avi）】，如图 8-1 所示，接着对导出选项进行设置即可，如图 8-2 所示。

【宽度】/【高度】：这两个选项的数值用于控制每帧画面的尺寸，以像素为单位。一般情况下，帧画面尺寸设为 400 像素 ×300 像素或者 320 像素 ×240 像素即可。如果是 640 像素 ×480 像素的视频文件，那就可以全屏播放了。就视频而言，人脑在一定时间内对于信息量的处理能力是有限的，其运动连贯性比静态图像的细节更重要。所以，用户可以从模型中分别提取高分辨率的图像和较小帧画面尺寸的视频，这样既可以展示细节，又可以动态展示空间关系。

如果是用 DVD 播放，画面的宽度需要 720 像素。

【切换长宽比锁定／解锁】按钮：该按钮用于锁定或者解除锁定画面尺寸的长宽比。

电视机和大多数计算机的屏幕和 1950 年前电影的标准比例是 4:3，宽银屏显示（包括数字电视、等离子电视等）的标准比例是 16:9。

图 8-1　输出动画

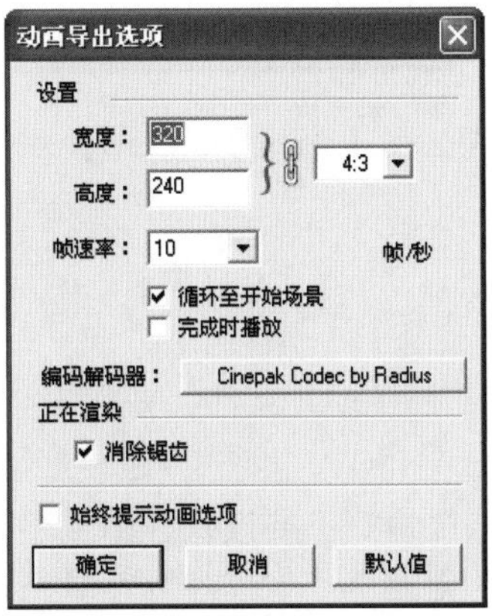

图 8-2　【动画导出选项】对话框

【帧速率】：帧速率指每秒产生的帧画面数。帧速率与渲染时间以及视频文件大小成正比，帧速率值越大，渲染所花费的时间以及输出后的视频文件就越大。帧速率设置为 8~10 帧／秒是画面连续的最低要求；12~15 帧／秒既可以控制文件的大小，也可以保证流畅播放；24~30 帧／秒之间的设置就相当于【全速】播放了。当然，还可以设置 5 帧／秒来渲染一个粗糙的试动画来预览效果，这样能节约大量时间，并能发现一些潜在的问题，例如高宽比不对、照相机穿墙等。

【循环至开始场景】：选中该复选框可以从最后一个场景倒退到第一个场景，创建无限循环的动画。

【完成时播放】：如果选中该复选框，那么一旦创建出视频文件，将立刻用默认的播放机来播放该文件。

【编码解码器】：制定编码器或压缩插件，也可以调整动画质量设置。SketchUp 默认的编码器为 Cinepak Codec by Radius，可以在所有平台上顺利运行，用 CD-ROM 流畅回放，支持固定文件大小的压缩形式。

【消除锯齿】：选中该复选框后，SketchUp 会对导出的图像作平滑处理。这需要更多的导出时间，但是可以减少图像中的线条锯齿。

【始终提示动画选项】：选中该复选框后，会在创建视频文件之前总是先显示这个对话框。

导出 AVI 文件时，在【动画导出选项】对话框中取消【循环至开始场景】复选框即可让动画停到最后位置，如图 8-3 所示。

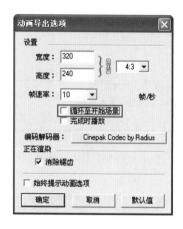

图 8-3 【动画导出选项】对话框

求生秘籍 —— 技巧提示

Q 提问：SketchUp 有时无法导出 AVI 文件，如何解决？

A 回答：SketchUp 有时无法导出 AVI 文件，建议在建模时使用英文名的材质，文件也保存为英文名或者拼音，保存路径最好不要设置在中文名称的文件夹内（包括【桌面】也不行），而是新建一个英文名称的文件夹，然后保存在某个盘的根目录下。

动手操练 —— 导出 AVI 格式的动画

视频教程 —— 光盘主界面 / 第 8 章 /8.1

执行【动画】命令的方式如下：

在菜单栏中，单击【文件】|【导出】|【动画】命令。

打开 "8-1.skp" 图形文件，在其中我们已经设置好了多个场景，现在将场景导出为动画。单击【文件】|【导出】|【动画】命令，如图 8-4 所示。

在弹出的【输出动画】对话框中设置文件保存的位置和文件名称，然后选择正确的导出格式（AVI 格式），如图 8-5 所示。

单击【选项】按钮 ___选项..___，在弹出的【动画导出选项】对话框中，设置动画【宽度】为 320、【高度】为 240，【帧速率】为 10，选中【循环至开始场景】复选框和【消除锯齿】复选框，如图 8-6 所示，然后单击【确定】按钮。

导出动画文件，导出进程表如图 8-7 所示。

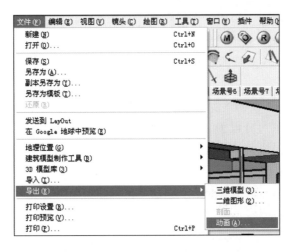

图 8-4 【导出】命令

图 8-5 【输出动画】对话框

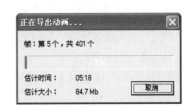

图 8-6 【动画导出选项】对话框　　　　图 8-7 正在导出动画

根据实践经验，总结出了导出动画时需要注意的以下事项。

（1）尽量设置好场景。从创建场景到导出动画再到后期合成，需要花费相当长的时间。因此，应该尽量地利用 SketchUp 的实时渲染功能，事先将每个场景的细节和各项参数调整好，再进行渲染。

（2）创建预览动画。在创建复杂场景的大型动画之前，最好先导出一个较小的预览动画以查看效果。把画面的尺寸设为 200 左右，同时降低帧速率为 5~8 帧 / 秒。这样的画面虽然没有表现力，但渲染很快，又能显示出一些潜在的问题，如屏幕高宽比不佳、照相机穿墙等，以便做出相应调整。

（3）合理安排时间。虽然 SketchUp 动画的渲染速度比其他渲染软件快得多，但还是比较耗时，尤其是在导出带阴影效果、高帧速率、高分辨率动画时，所以要合理安排好时间，尽量在用户休息的时候让计算机进行耗时的动画渲染。

（4）发挥 SketchUp 的优势。充分发挥 SketchUp 的阴影、剖面、建筑空间的漫游等方面的优势，可以更加充分地表现 建筑设计思想和空间的设计细节。

求生秘籍 —— 专业知识精选

居住区绿地应包括公共绿地、宅旁绿地、配套公建所属绿地和道路绿地等。绿地率新区建设不应低于 30%；旧区改造不宜低于 25%。

8.2 制作方案展示动画

知识链接： 制作方案展示动画

除了前文所讲述的直接将多个场景导出为动画以外，还可以将 SketchUp 的动画功能与其他功能结合起来生成动画。此外，用户还可以将【剖切】功能与【场景】功能结合生成【剖切生长】动画。另外，用户还可以结合 SketchUp 的【阴影设置】和【场景】功能生成阴影动画，为模型带来阴影变化的视觉效果。

求生秘籍 —— 技巧提示

在切换命令时，初学者往往会不知如何结束正在执行的命令，所以特别建议用户将选择定义为空格键。按 <Esc> 键可取消正在执行的操作或习惯按一下空格键结束正在执行的命令，将会十分方便，又可避免误操作。

动手操练 —— 制作方案展示动画

视频教程 —— 光盘主界面 / 第 8 章 /8.2

执行【动画】命令方式：

在菜单栏中，单击【文件】|【导出】|【动画】命令。

阴影动画是综合运用 SketchUp 的【阴影设置】和【场景】功能生成的，可以带来建筑阴影随时间变化而变化的视觉效果动画，其制作过程如下。

打开"8-2.skp"图形文件，然后单击【窗口】|【阴影】命令，即可弹出【阴影设置】

对话框，对【日期】进行设置，在此设定为【3/8】，如图 8-8 所示。

在【阴影设置】对话框中，将时间滑块拖动至最左侧，然后激活【显示／隐藏阴影】按钮 ，如图 8-9 所示，接着打开【场景】管理器，创建一个新的场景，如图 8-10 所示。

图 8-8 阴影设置 1　　　　　　　　　　　　　图 8-9 阴影设置 2

图 8-10 场景 1

再在【阴影设置】对话框中，将时间滑块拖动至最右侧，如图 8-11 所示，然后再添加一个新的场景，如图 8-12 所示。

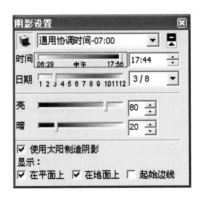

图 8-11 阴影设置 3

图 8-12 场景 2

打开【模型信息】对话框，然后在【动画】选项卡中选中【启用场景转换】复选框，设置其值为 5 秒、【场景延迟】为 0 秒，如图 8-13 所示。

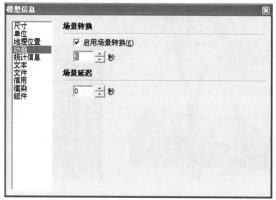

图 8-13 【模型信息】对话框

完成以上设置后，单击【文件】|【导出】|【动画】命令（图 8-14）导出阴影动画，导出时注意设置好动画的保存路径和格式（AVI 格式），动画播放效果如图 8-15~图 8-17 所示。

用户可以打开光盘查看该阴影动画的播放效果。完成导出后，用户可以再运用影音编辑软件（如 Adobe Premiere Pro CS4 等）对动画添加字幕和背景音乐等后期效果，这些将在 8.3 节进行简单介绍。

图 8-14 【动画】命令

图 8-15 动画播放效果 1

图 8-16 动画播放效果 2

图 8-17 动画播放效果 3

**求生秘籍** —— 专业知识精选

居住区道路可分为居住区道路、小区路、组团路和宅间小路 4 级，其道路规划设计应符合有关规范规定。

8.3 使用 Premiere 软件编辑动画

知识链接： 使用 Premiere 软件编辑动画

打开 Premiere 软件，会弹出一个【欢迎使用 Adobe Premiere Pro】对话框，在该对话框中单击【新建项目】按钮，如图 8-18 所示，在弹出的【新建项目】对话框中设置好文件的保存路径和名称，如图 8-19 所示，完成设置后单击【确定】按钮。

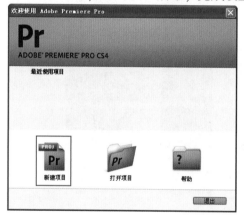
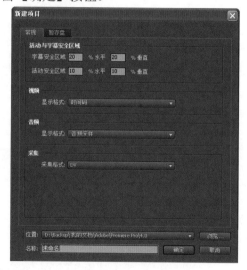

图 8-18 【新建项目】按钮　　　　　　图 8-19 【新建项目】对话框

1. 设置预设方案

在【新建项目】对话框中单击【确定】按钮后，会弹出【新建序列】对话框，在该对话框中可以设置预设方案。每种预设方案中包括文件的压缩类型、视频尺寸、播放速度、音频模式等；为了使用方便，系统定义并优化了几种常用的预设，每种预设都是一套常用预设值的组合。当然，用户也可以自定义这样的预设，留待以后使用。在制作过程中，用户还可以根据实际需要随时更改这些选项。

国内电视采用的播放制式是 PAL 制式，如果需要在电视中播放，应选择 PAL 制式的某种设置，在此选择【标准 48kHz】，如图 8-20 所示。

选择一种设置后，在右侧的【预置描述】文本框内会显示相应的预设参数，例如 PAL 制式显示的是【画面大小】为【720×576】、【帧速率】为【25 帧／秒】、16 位立体声；

NTSC 制式显示的是【画面大小】为【720×481】、【帧速率】为【29.97 帧／秒】、16 位立体声，用户可以将设置好的参数保存起来。另外，如果是用 DVD 播放，用户就需要结合已经完成的动画文件，自定义一个设置。

图 8-20　【新建序列】对话框

选择一种设置后，单击【确定】按钮即可启动 Premiere 软件。Premiere 软件的主界面包括工程窗口、监示器窗口、时间轴、过渡窗口、效果窗口等，如图 8-21 所示。用户可以根据需要调整窗口的位置或关闭窗口，也可以通过【窗口】菜单打开更多的窗口。

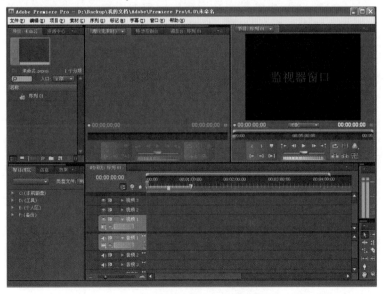

图 8-21　Premiere 工作窗口

2. 将 AVI 文件导入 Premiere

单击【文件】|【导入】命令（快捷键为 < Ctrl+I > 组合键），弹出【导入】对话框，然后将需要的 AVI 文件导入，如图 8-22 所示。

图 8-22 【导入】对话框

导入文件后，在工程窗口中单击【清除】按钮 可以将文件删除。双击【名称】标签下的空白处，可以导入新的文件。

导入工程窗口中的 AVI 素材可以直接拖动至时间轴上，拖动时鼠标显示为 。用户也可以直接将视频素材拖入监视器窗口的源素材预演区。拖至时间轴上时，鼠标会显示为 ，这时候左下角状态栏中提示"拖入轨道进行覆盖"，按住 <Ctrl> 键可启用插入，按住 < Alt > 键可替换素材。很多时候状态栏中的提示可以帮助用户尽快熟悉操作界面。在拖动素材之前，用户可以激活【吸附】按钮 （快捷键为 <S> 键），将素材准确地吸附到前一个素材之后。

每个独立的视频素材及声音素材都可放在监示器窗口中进行播放。通过相应的控制按钮，可以随意倒带、前进、播放、停止、循环，或者播放选定的区域，如图 8-23 所示。

图 8-23 控制按钮

为了在后面的编辑中便于控制素材，用户可以在动画播放过程中对一些关键帧作标记。方法是单击【设置标记】按钮 ，可以设置多个标记点。以后当需要定位到某个标记点时，用户可以在时间轴窗口中自由拖动【标记图标】 位置，还可以用鼠标右键单击【标记图标】 ，然后在弹出的快捷菜单中进行设置，如图 8-24 所示。

图 8-24 右键快捷菜单

对已经进入时间轴的素材，用户可以直接在时间轴中双击素材画面，该素材就会在效果窗口中的【素材源】标签下被打开。

3. 在时间轴上衔接

在 Premiere 软件众多的窗口中，居核心地位的是时间轴窗口，用户在这里可以将片段性的视频、静止的图像、声音等组合起来，并能创作各种特技效果，如图 8-25 所示。

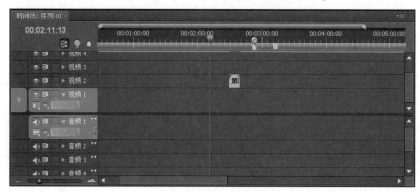

图 8-25 时间轴窗口

时间轴包括多个通道，用来组合视频（或图像）和声音。默认的视频通道包括【视频 1】、【视频 2】和【视频 3】，默认的音频通道包括【音频 1】、【音频 2】和【音频 3】。如需增减通道数，可在通道上单击鼠标右键，然后在弹出的快捷菜单中单击【添加或删除】轨道命令即可。

将工程窗口中的素材或者文件夹直接拖到时间轴的通道上后，系统会自动根据拖入的文件类型将文件装配到相应的视频或音频通道，其顺序为素材在工程窗口中的排列顺序。改变素材在时间轴的位置，只要沿通道拖动即可，也可以在时间轴的不同通道之间转移素材，但需要注意的是，出现在上层的视频或图像可能会遮盖下层的视频或图像。

将两段素材首尾相连，就能实现画面的无缝拼接。若两段素材之间有空隙，则空隙会显示为黑屏。要在两段视频之间建立过渡连接，只须在【效果】选项卡中选择某种特技效果，拖入素材之间即可，如图 8-26 所示。

如果需要删除时间轴上的某段素材，只须用鼠标右键单击该素材，然后在弹出的快捷菜单中单击【清除】命令即可，

图 8-26 【效果】选项卡

在时间轴中可剪断一段素材。方法是在右下角的工具栏中选择【剃刀】工具 ![icon]，然后在需要剪断的位置单击，此时素材即被切为两段。被切开的两段素材彼此不再相关，可以对它们分别进行清除、位移、特效处理等操作。时间轴的素材剪断后，不会影响到项目窗口中原有的素材文件。

在时间轴标尺上还有一个可以移动的【时间滑块】![icon]，时间滑块下方一条竖线横贯整个时间轴。位于时间滑块上的素材会在监示器窗口中显示，用户可以通过拖动时间滑块来查寻及预览素材。

当时间轴上的素材过多时，用户可以将【素材显示大小】滑块向左移动，使素材缩小显示。

时间轴标尺的上方有一栏黄色的滑动条，这是电影工作区，可以拖动两端的滑块来改变其长度和位置。在进行合成的时候，只有工作区内的素材才会被合成，如图 8-27 所示。

图 8-27 时间轴

4. 制作过渡特效

一段视频结束，另一段视频紧接着开始，这就是所谓的电影镜头切换。为了使切换衔接得更加自然或有趣，用户可以使用各种过渡特效。

（1）【效果】选项卡。在【效果】选项卡中，用户可以看到详细分类的文件夹。单击任意一个扩展标志，则会显示一组不同的过渡效果，如图 8-28 所示。

（2）在时间轴上添加过渡。选择一种过渡效果并将其拖放到时间轴的特效通道中，Premiere 软件会自动确定过渡长度以匹配过渡部分，如图 8-29 所示。

（3）过渡特效属性设置。在时间轴上双击特效通道的过渡显示区，在特效控制台中就会出现相应的属性编辑面板，如图 8-30 所示。

图 8-28 【效果】选项卡

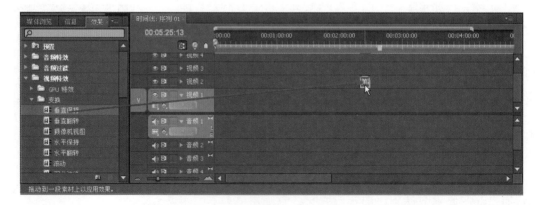

图 8-29 选择效果拖动

图 8-30 过渡特效属性设置

有的时候过渡通道区较短，不容易找到，可以单击【放大】按钮（快捷键为 <=> 键）以放大素材及特效通道的显示。在特效控制台中，用户可以通过拖动特效通道的位置来回控制特效插入的时间长短，还可以拖拉尾部进行特效的裁剪。

5. 动态滤镜

使用过 Photoshop 软件的人不会对滤镜感到陌生，通过各种滤镜可以为原始图片添加各种特效。在 Premiere 软件中，用户同样也能使用各种视频和声音滤镜，其中视屏滤镜能产生动态的扭曲、模糊、风吹、幻影等特效，以增强影片的吸引力。

在左下角的【效果】选项卡中，单击【视频特效】文件夹，可看到更为详细分类的视频特效文件夹，如图 8-31 所示。

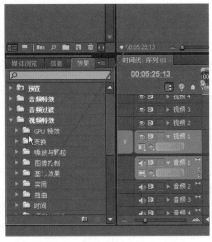

图 8-31 【视频特效】文件夹

在此以制作【镜头光晕】特效为例，在【视频特效】文件夹中打开【生成】子文件夹，然后找到【镜头光晕】文件，并将其拖放到时间轴的素材上，此时在特效控制台中将出现【镜头光晕】特效的参数设置栏，如图 8-32 所示。

图 8-32 选择【镜头光晕】文件

在【镜头光晕】标签下，用户可以设定点光源的位置、光线强度，可以通过拖动滑块（单击左侧按钮即可看到）或者直接输入数值来调节相关参数，如图 8-33 所示。

通过了解光晕的特效处理，用户不妨尝试一下其他的视频特效效果。多种特效可以重复叠加，用户可以在特效名称上进行拖动以改变上下顺序，也可以单击鼠标右键，然后在弹出的快捷菜单中进行某些特效的清除等操作，如图 8-34 所示。

图 8-33 【镜头光晕】标签

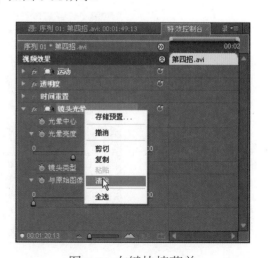

图 8-34 右键快捷菜单

6. 编辑声音

声音是动画不可缺少的部分。尽管 Premiere 并不是专门用于处理音频素材的软件，但还是可以制作出淡入、淡出等音频效果，也可以通过软件本身提供的大量滤镜制作一些声音特效。下面就简单讲解声音特效的制作方法。

(1) 调入一段音频素材，并将其拖到时间轴的【音频 1】通道上，如图 8-35 所示。

图 8-35 拖动音频

(2) 使用【剃刀】工具 (快捷键为 <C> 键) 将多余的音频部分删除，如图 8-36 所示。

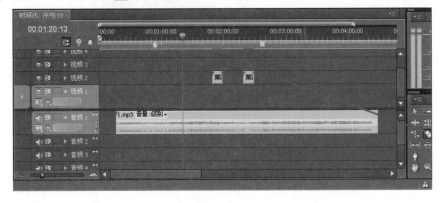

图 8-36 修剪音频

(3) 添加音频滤镜，方法与添加视频滤镜相似。音频通道的使用方法与视频通道大体上相似，如图 8-37 所示。

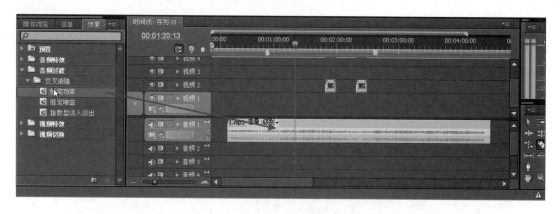

图 8-37 音频特效

7. 添加字幕

(1) 单击【文件】|【新建】|【字幕】命令(图 8-38),打开文字编辑器。

图 8-38 字幕

(2) 在【字幕】工具栏中激活【文字】工具,然后在编辑区拖动出一个矩形文本框,在文本框内输入需要显示的文字内容,然后在【字幕工具】、【字幕动作】、【字幕属性】、【字幕样式】等选项卡中为输入的文字设置字体样式、字体大小、对齐方式、颜色渐变、字幕样式等效果,如图 8-39 所示。

(3) 单击【文件】|【存储】命令,将字幕文件保存后关闭文字编辑器。那么这时在工程窗口中就可以找到这个字幕文件,将它拖到时间轴上即可,如图 8-40 所示。

(4) 动态字幕与静态字幕的相互转换。在新建了上述静态字幕之后,用户可以在时间轴窗口中的字母通道上进行双击,然后在打开的【字幕】编辑窗口中,单击【滚动/游动选项(R)】按钮,接着在弹出的【滚动/游动选项】对话框中修改字幕类型,如单击【右游动】单选按钮,如图 8-41 所示。这样,原本静态的字幕就变成了动态字幕,其通道的添加和管理与静态字幕一样,在此不再赘述。

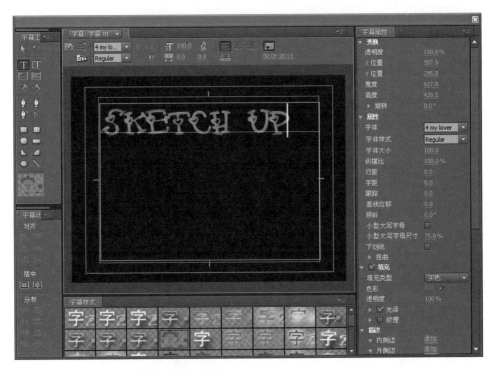

图 8-39 字幕特效

图 8-40 字幕文件

图 8-41 【滚动 / 游动选项】对话框

另外，制作字幕还可以使用 Premiere 软件自带的模板。单击【字幕】｜【新建字幕】｜【基于模板】命令，如图 8-42 所示，将弹出【新建字幕】对话框，在该对话框中包含有许多不同风格的字幕样式，选择其中一个模板打开，然后在【新建字幕】对话框里对模板进行构图及文字的修改等操作，如图 8-43 所示。

图 8-42 【基于模版】命令

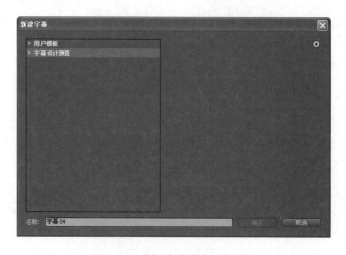

图 8-43 【新建字幕】对话框

如果要让文字覆盖在动画图面之上，那么字幕文件所在通道要在其他素材所在通道之上，这样就能同时播放字幕和其他素材影片。字幕持续显示的时间可以通过对字幕显示通道进行拖拉裁剪，如图 8-44 所示。如果是动态字幕的话，播放持续时间越长，运动速度相对越慢。

图 8-44　调节字幕

8. 保存与导出

（1）保存 PPJ 文件

在 Premiere 软件中单击【文件】|【保存】命令或者单击【文件】|【另存为】命令都可以将文件进行保存，默认的保存格式为 .prproj 格式。保存的文件保留了当前影片编辑状态的全部信息，在以后需要调用时，用户只须直接打开该文件就可以继续进行编辑。

（2）导出 AVI 格式

单击【文件】|【导出】|【媒体】命令，如图 8-45 所示，弹出【导出设置】对话框，在该对话框中为影片命名并设置好保存路径后，Premiere 软件就开始合成 AVI 电影了，如图 8-46 所示。

图 8-45　【导出】子菜单

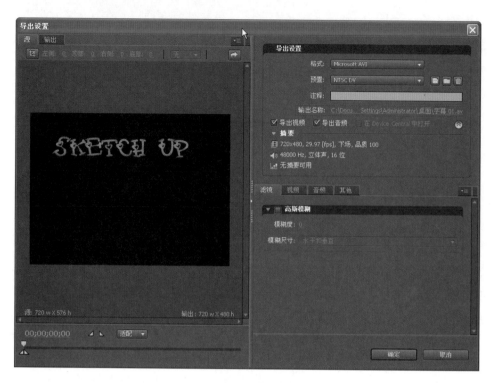

图 8-46 【导出设置】对话框

求生秘籍——专业知识精选

　　砌体工程是指用砌筑砂浆将砖、石及各种类型砌块等组砌成一个整体，具有围护、保温、隔热、隔声等作用。砌体工程是砖混结构的主导工种工程，是一个综合施工过程，包括砂浆制备、材料运输、脚手架搭设及砌体砌筑等施工过程。砌体工程包括砖砌工程、石砌体工程和砌块工程。砖砌体工程包括砖基础工程，实心砖墙工程，空斗墙工程，空心砖墙工程及砖柱、砖过梁、砖筒拱、砖挑檐等工程。砖砌体工程包括毛石基础、毛石墙体工程，料石基础、料石墙体工程及石桩、石过梁等工程。砌块工程包括加气混凝土砌块砌体，小型空心砌块砌体及中型砌块砌体。砌体质量应符合操作规程的要求及施工验收规范的标准，做到横平竖直、灰浆饱满、错缝搭接、接槎可靠。

8.4 批量导出场景图像

知识链接：批量导出场景图像

　　当场景设置过多的时候，就需要批量导出图像，这样可以避免在场景之间进行繁琐的切换，并能节省大量的出图等待时间。

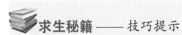

对于大场景，SketchUp 可以关闭阴影显示，提高运算速度。

动手操练 —— 批量导出场景图像

视频教程 —— 光盘主界面 / 第 8 章 /8.4

执行【动画】命令的方式如下：

在菜单栏中，单击【文件】｜【导出】｜【动画】命令。

批量导出场景图像的方法如下。

（1）打开"8-3.skp"图形文件，设定好多个场景，如图 8-47 所示。

图 8-47　设定多个场景

（2）单击【窗口】｜【模型信息】命令，然后在弹出的【模型信息】对话框中切换到【动画】选项卡，接着设置【场景转换】为 1 秒，设置【场景延迟】为 0 秒，并按 < Enter > 键进行确定，如图 8-48 所示。

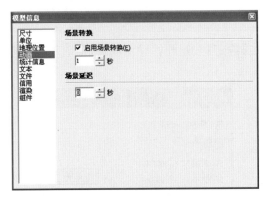

图 8-48　【模型信息】对话框

（3）单击【文件】|【导出】|【动画】命令，然后在弹出的【输出动画】对话框中设置动画的保存路径和类型，如图 8-49 所示。

图 8-49 【输出动画】对话框

（4）接着单击【选项】按钮，在弹出的【动画导出选项】对话框中设置相关导出参数，导出时需要取消【循环至开始场景】复选框，否则会将第 1 张图导出两次，如图 8-50 所示。

图 8-50 【动画导出选项】对话框

（5）完成设置后，单击【确定】按钮开始导出动画，此时用户需要等待一段时间，如图 8-51 所示。

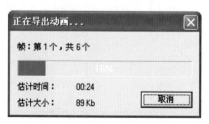

图 8-51 正在导出动画

(6) 在 SketchUp 中批量导出的图片,如图 8-52 所示。

图 8-52　批量导出的图片

求生秘籍 —— 专业知识精选

砌筑砂浆是将砖、石、砌块等砌筑材料黏结为整体的胶结材料。一般砌体中常用的砌筑砂浆按组成材料不同,可分为 3 种:水泥砂浆、混合砂浆和石灰砂浆。水泥砂浆由水泥、砂子、水 3 种材料按一定比例搅拌而成;混合砂浆由水泥、石灰(膏)、砂子、水按一定比例搅拌而成;石灰砂浆由石灰、砂子和水 3 种材料组成。

8.5　本章小结

通过本章的学习,希望用户全面掌握 SketchUp 中导出动画的方法以及批量导出场景图像的方法。动画场景的创建更能展现设计成果与意图,所以用户须勤加练习。

第 8 章

第9章
剖切平面

本章导读

【剖切平面】是 SketchUp 中的特殊命令，用来控制截面效果。物体在空间的位置以及与群组和组件的关系，决定了剖切效果的本质。用户可以控制截面线的颜色，或者将截面线创建为组。使用【剖切平面】命令，用户可以方便地对物体的内部模型进行观察和编辑，展示模型内部的空间关系，减少编辑模型时所需的隐藏操作。另外，截面图还可以导出为 DWG 和 DXF 式的文件到 AutoCAD 中作为施工图的模版文件，或者利用多个场景的设置导出为建筑的生长动画等，这些内容将在本章加以详细讲述。

学习要求	知识点 \ 学习目标	了解	理解	应用	实践
	掌握创建截面的方法	√	√	√	√
	掌握编辑截面的方法	√	√	√	√
	掌握导出截面的方法	√	√	√	√
	掌握制作截面动画的方法				

9.1 创建截面

知识链接：创建截面

创建截面可以帮助用户更方便地观察模型的内部结构，在展示时，可以让观察者更多更全面地了解模型。

求生秘籍 —— 技巧提示

插件的安装，可以通过到官方网站上下载插件，将下载的 rb 格式文件复制粘贴到软件安装目录下的 Plugins（部分插件可以安装到 Tools）目录下。

动手操练 —— 创建截面

视频教程 —— 光盘主界面 / 第 9 章 /9.1

执行【截平面】命令主要有以下两种方式：

在菜单栏中，单击【工具】|【截平面】命令。

在菜单栏中，单击【视图】|【工具栏】|【截面】命令，打开【截面】工具栏，单击【截平面】工具 ⊕。

（1）打开"9-1.skp"图形文件，选择需要增加截面的实体，单击【工具】|【截平面】
命令，此时光标会出现一个剖切面，接着移动光标到几何体上，剖切面会对齐到所在表面上，
如图 9-1 和图 9-2 所示。

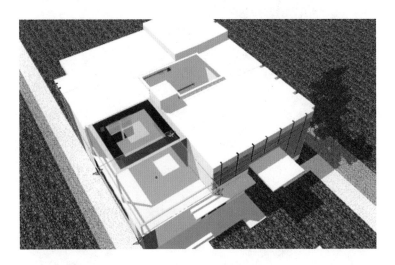

图 9-1　选择不同截面 1

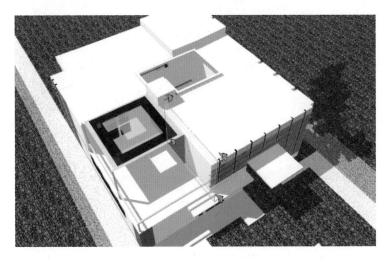

图 9-2　选择不同截面 2

（2）移动截面至适当位置，然后在放置截面上单击鼠标右键，如图 9-3 和图 9-4 所示。
用户可以在【样式】对话框中对截面线的粗细和颜色进行调整，如图 9-5 所示。

求生秘籍 —— 专业知识精选

建筑基地也可以称为建筑用地。它是有关土地管理部门批准划定为建筑使用的土地。
建筑基地应给定四周范围尺寸或坐标。

图 9-3 放置截面 1

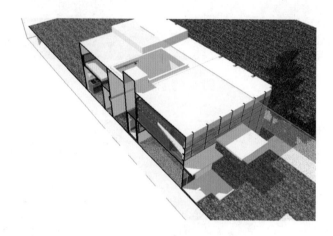

图 9-4 放置截面 2

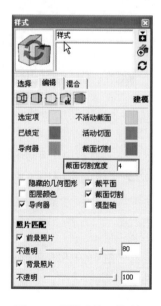

图 9-5 【样式】对话框

9.2　编辑截面

知识链接： 【截面】工具栏介绍

　　【截面】工具栏中的工具可以控制全局截面的显示和隐藏。单击【视图】｜【工具栏】｜【截面】命令，即可打开【截面】工具栏，该工具栏共有 3 个工具，分别为【截平面】工具 、【显示／隐藏截平面】工具 和【显示／隐藏截面切割】工具 ，如图 9-6 所示。

图 9-6　【截面】工具栏

求生秘籍 —— 技巧提示

　　SketchUp 中，合理运用截面，可以方便用户观察图形内部情况。

动手操练 —— 【截面】工具栏介绍

视频教程 —— 光盘主界面 / 第 9 章 /9.2.1

　　执行【截面】命令的方式如下：
　　在菜单栏中，单击【视图】｜【工具栏】｜【截面】命令。

　　打开 "9-1.skp" 图形文件，【截平面】工具 ：该工具用于创建平面。

　　【显示／隐藏截平面】工具 ：该工具用于在截面视图和完整模型之间切换，如图 9-7 和图 9-8 所示。

图 9-7　隐藏截平面

图 9-8　显示截平面

　　【显示／隐藏截面切割】工具 ：该工具用于快速显示和隐藏所有剖切的面，如图 9-9 和图 9-10 所示。

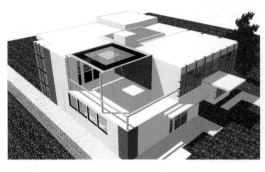

图 9-9 隐藏截面切割　　　　　　　　　　图 9-10 显示截面切割

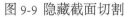 求生秘籍 —— 专业知识精选

　　建筑基地应与道路红线相连接，否则应设通路与道路红线相连接。基地与道路红线相连接时，一般以道路红线为建筑控制线。如城市规划需要，主管部门可在道路红线以外另定建筑控制线。建筑基地地面宜高出城市道路的路面，否则应有排除地面水的措施。

 知识链接：移动和旋转截面

　　移动和旋转截面，使用【移动】工具和【旋转】工具可以对截面进行移动和旋转。

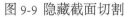 求生秘籍 —— 技巧提示

　　在移动截面时，截面只沿着垂直于自己表面的方向移动。

动手操练 —— 移动和旋转截面
视频教程 —— 光盘主界面 / 第 9 章 /9.2.2

执行【移动】截面命令主要有以下几种方式：
在菜单栏中，单击【工具】 | 【移动】命令。
直接按键盘上的 <M> 键。

单击【大工具集】工具栏中的【移动】按钮。
执行【旋转】截面命令主要有以下几种方式：
在菜单栏中，单击【工具】 | 【旋转】命令。
直接按键盘上的 <Q> 键。

单击【大工具集】工具栏中的【旋转】按钮。

　　打开"9-1.skp"图形文件，与其他实体一样，使用【移动】工具和【旋转】工具可以对截面进行移动和旋转，如图 9-11 和图 9-12 所示。

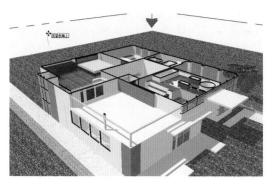

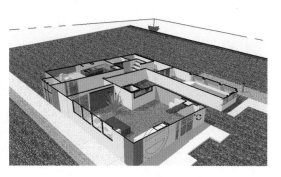

图 9-11 移动截面　　　　　　　　图 9-12 旋转截面

求生秘籍 —— 专业知识精选

建筑基地如果有滑坡、洪水淹没或海潮侵袭可能时，应有安全防护措施。车流量较多的基地（包括出租汽车站、车场等），其通路连接城市道路的位置应符合有关规定。人员密集建筑的基地（电影院、剧场、会堂、博览建筑、商业中心等），应考虑人员疏散的安全和不影响城市正常交通，符合当地规划部门的规定和有关专项建筑设计规范。

知识链接：反转截面的方向

在剖切面上单击鼠标右键，然后在弹出的快捷菜单中单击【反转】命令，可以翻转剖切的方向。

动手操练 —— 反转截面的方向

视频教程 —— 光盘主界面 / 第 9 章 /9.2.3

执行【反转】截面命令主要有以下几种方式：

在右键快捷菜单中，单击【反转】命令。

在菜单栏中，单击【编辑】|【截平面】|【反转】命令。

打开"9-1.skp"图形文件，在剖切面上单击鼠标右键，然后在弹出的快捷菜单中单击【反转】命令，可以翻转剖切的方向，如图 9-13 和图 9-14 所示。

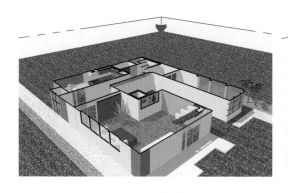

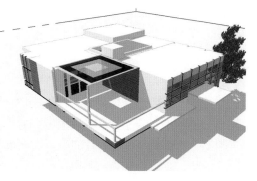

图 9-13 截面　　　　　　　　　　图 9-14 反转截面

求生秘籍——专业知识精选

住宅容积率是每公顷住宅用地上拥有的住宅建筑面积或以住宅建筑总面积与住宅用地的比值表示。

知识链接： 激活截面

放置一个新的截面后，该截面会自动激活。同一个模型中可以放置多个截面，但一次只能激活一个截面，激活一个截面的同时会自动淡化其他截面。

动手操练——激活截面

视频教程——光盘主界面/第9章/9.2.4

执行【激活截面】命令主要有以下几种方式：

在菜单栏中，单击【编辑】|【截平面】|【活动切面】命令。

使用【选择】工具，在截面上双击鼠标左键。

在右键快捷菜单中，单击【活动切面】命令。

打开"9-1.skp"图形文件，激活截面，如图9-15和图9-16所示。

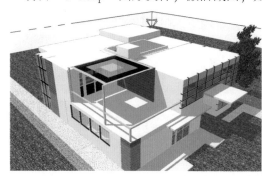

图9-15 截面　　　　　　　　　　图9-16 【活动切面】命令

虽然一次只能激活一个截面，但是组合组件相当于"模型中的模型"，在它们内部还可以有各自的激活截面。例如一个组里还嵌套了两个带剖切面的组，并且分别具有不同的剖切方向，再加上这个组的一个截面，那么在这个模型中就能对该组同时进行3个方向的剖切。也就是说，剖切面能作用于它所在的模型等级（包括整个模型、组合嵌套组等）中的所有几何体。

求生秘籍——专业知识精选

建筑容积率是建筑规划设计中的一项重要指标。它可以控制建筑基地内建筑的规模和高度，以便留出一定的空地作为绿化交通广场用地，也可以控制建筑物的层数以符合城市规划的要求。当地城市规划主管部门对需要建设的基地应提出建筑容积率指标。

知识链接： 将截面对齐到视图

要得到一个传统的截面视图，可以在截面上单击鼠标右键，然后在弹出的快捷菜单中单击【对齐视图】命令。

在移动截面时，截面只沿着垂直于自己表面的方向移动。

动手操练 —— 将截面对齐到视图

视频教程 —— 光盘主界面 / 第 9 章 /9.2.5

执行【对齐视图】命令的方式如下：

在菜单栏中，单击【编辑】│【截平面】│【对齐视图】命令。

在右键快捷菜单中，单击【对齐视图】命令。

打开"9-1.skp"图形文件，如图 9-17 所示，此时截面对齐到屏幕，显示为一点透视截面或正视平面截面，如图 9-18 所示。

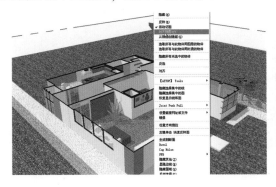

图 9-17 截面　　　　　　　　　　图 9-18 对齐视图

求生秘籍 —— 专业知识精选

建筑红线由道路红线和建筑控制线组成。道路红线是城市道路（含居住区级道路）用地的规划控制线。建筑控制线是建筑物基底位置的控制线。基地与道路邻近一侧，一般以道路红线为建筑控制线，如果因城市规划需要，主管部门可在道路线以外另订建筑控制线，一般称后退道路红线建造。任何建筑都不得超越给定的建筑红线。

知识链接： 从截面创建组

在截面上单击鼠标右键，然后在弹出的快捷菜单中单击【从截面创建组】命令。

动手操练 —— 从截面创建组

视频教程 —— 光盘主界面 / 第 9 章 /9.2.6

执行【从截面创建组】命令主要有以下两种方式：

在菜单栏中，单击【编辑】│【截平面】│【从截面创建组】命令。

在右键快捷菜单中，单击【从截面创建组】命令。

打开"9-1.skp"图形文件，如图 9-19 所示，在截面与模型表面相交的位置会产生新的边线，并封装在一个组中，如图 9-20 所示。

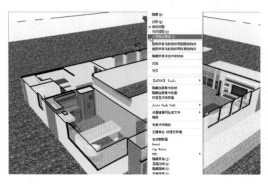

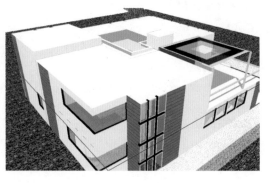

图 9-19 截面　　　　　　　　　　　图 9-20 从截面创建组

从剖切口创建的组可以被移动，也可以被分解。

9.3 导出截面

知识链接： 导出截面

SketchUp 的截面可以导出为以下两种类型。

第 1 种：将剖切视图导出为光栅图像文件。只要模型视图中有激活的剖切面，任何光栅图像导出都会包括剖切效果。

第 2 种：将截面导出为 DWG 和 DXF 格式的文件，这两种格式的文件可以直接应用于 AutoCAD 中。

求生秘籍—— 技巧提示

如果输入负值（−24，−24），SketchUp 会按在绘图时指定的方向的相反方向应用改值。

动手操练—— 导出截面

视频教程—— 光盘主界面 / 第 9 章 /9.3

执行【截面】命令的方式如下：

在菜单栏中，单击【文件】|【导出】|【截面】命令。

打开"9-2.skp"图形文件，然后单击【文件】|【导出】|【截面】命令，如图 9-21 所示，弹出【输出二维截面】对话框，设置【输出类型】为【AutoCAD DWG 文件（*.dwg）】，如图 9-22 所示。

设置文件保存的类型后即可直接导出，也可以单击【选项】按钮，弹出【二维截面选项】对话框，然后在该对话框中进行相应的设置，再进行输出，如图 9-23 所示。

将导出的文件在 AutoCAD 中打开，如图 9-24 所示。

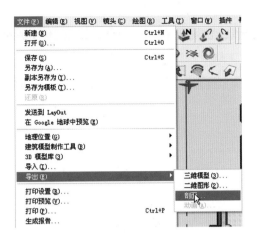

图 9-21 【截面】命令

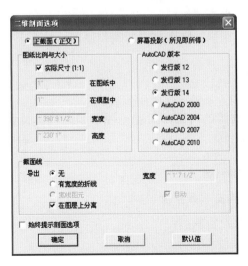

图 9-22 【输出二维截面】对话框

图 9-23 【二维截面选项】对话框

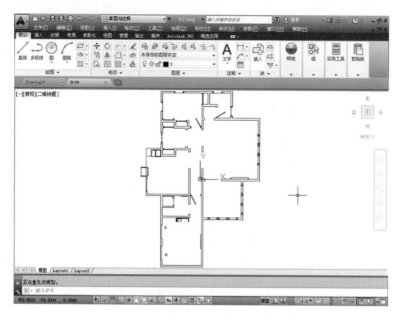

图 9-24 在 AutoCAD 中打开的导出文件

求生秘籍 —— 专业知识精选

《民用建筑设计通则》规定建筑物的台阶、平台、窗井、地下建筑及建筑基础，除基地内连通城市管线以外的其他地下管线不允许突出道路红线。

9.4 制作截面动画

知识链接： 制作截面动画

结合 SketchUp 的截面功能和页面功能可以生成截面动画。例如在建筑设计方案中，用户可以制作截面生长动画，带来建筑层层生长的视觉效果。在此以某办公楼为例，讲解截面生长动画的制作步骤，希望用户能掌握其中的制作原理，并可以打开光盘查看该生长动画的播放效果。

求生秘籍 —— 技巧提示

剖切面可以方便地对物体的内部模型进行观察和编辑，展示内部的空间关系，减少编辑模型时所需的隐藏操作。

动手操练 —— 制作截面动画

视频教程 —— 光盘主界面 / 第 9 章 /9.4

执行【动画】命令的方式如下：

在菜单栏中，单击
【文件】|【导出】|
【动画】命令。

打开"9-3.skp"图
形文件，将需要制作动
画的建筑休创建为组，
如图 9-25 所示。

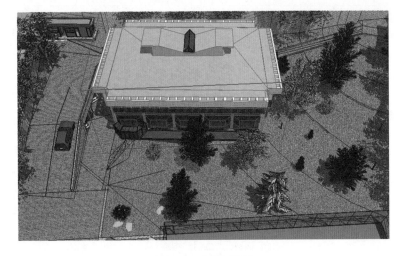

图 9-25 创建组件

双击进入组内部
编辑，然后运用【截平
面】工具在建筑最底层
创建一个截面，如图
9-26 所示。

图 9-26 创建截平面

将剖切面向上移
动复制 4 份，复制时注
意最上面的剖切面要高
于建筑模型，而且要保
持剖切面之间的间距相
等（这是因为场景过渡
时间相等，所以如果截
面之间距离不一致，就
会发生【生长】的速度
有快有慢不一致的情
况），如图 9-27 所示。

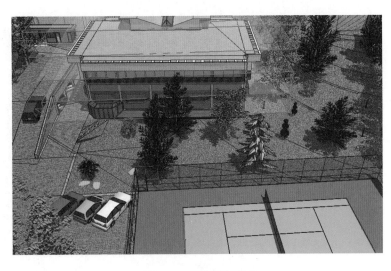

图 9-27 复制截平面

选中建筑最底层的截面，然后单击鼠标右键，在弹出的菜单快捷中单击【活动切面】命令，如图9-28所示。

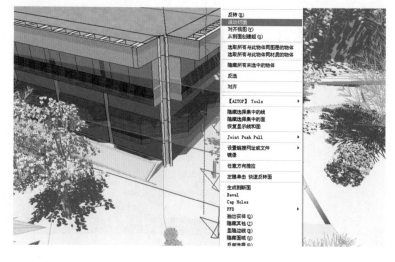

图 9-28 活动切面

将所有截面隐藏，按 < Esc > 键退出组件编辑状态，然后打开【场景】管理器创建一个新的场景（场景号1），如图9-29所示。

图 9-29 创建场景 1

创建完场景1以后，显示所有隐藏的截面(快捷键为 < Shift+A > 组合键)，然后选择第二个截面进行激活，并将其余截面再次隐藏，接着在【场景】管理器中添加一个新的场景（场景2），如图9-30所示。

图 9-30 添加场景 2

添加其余截面的场景，如图 9-31~ 图 9-33 所示。

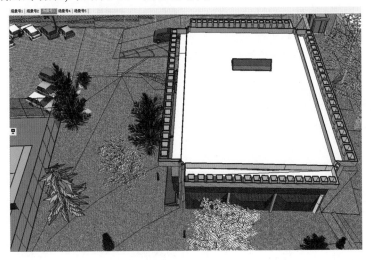

图 9-31 添加场景 3

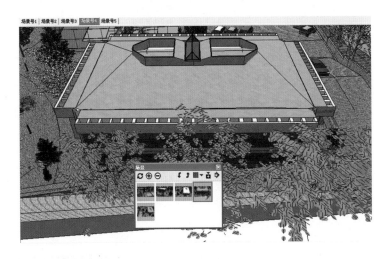

图 9-32 添加场景 4

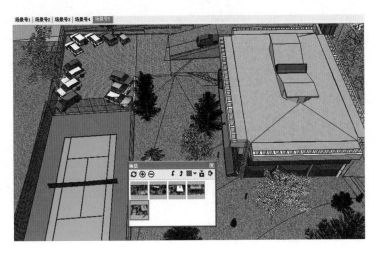

图 9-33 添加场景 5

单击【窗口】|【模型信息】命令，弹出【模型信息】对话框，然后在【动画】选项卡中设置【场景转换】为5秒、设置【场景延时】为0秒，如图9-34所示。

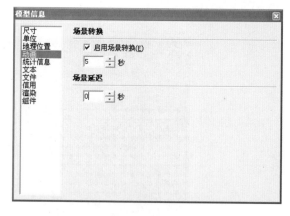

图 9-34 【模型信息】对话框

完成设置后，单击【文件】|【导出】|【动画】命令（图9-35），导出动画，动画播放效果如图9-36~图9-39所示。

图 9-35 【动画】命令

图 9-36 动画播放效果 1

图 9-37　动画播放效果 2

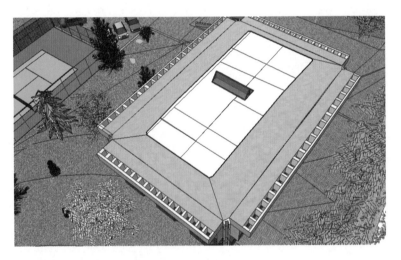

图 9-38　动画播放效果 3

图 9-39　动画播放效果 4

求生秘籍—— 专业知识精选

饮食建筑为人们在公共场所提供宴请、就餐、零餐、零饮的建筑称作饮食建筑。饮食建筑的分类为：①营业性餐馆（简称餐馆）；②营业性冷、热饮食店（简称饮食店）；③非营业性食堂（简称食堂）。

9.5 本章小结

通过本章的学习，用户应掌握在 SketchUp 中创建截面的方法、编辑截面的方法、导出截面的方法和制作截面生长动画的方法。创建截面可以了解所创建模型的内部结构。

第 10 章
沙盒工具

本章导读

不管是城市规划、园林景观设计还是游戏动画的场景，创建出一个好的地形环境能为设计增色不少。在 SketchUp 中，创建地形的方法有很多，包括结合 AutoCAD、AracGIS 等软件进行高程点数据的共享并使用【沙盒】工具进行三维地形的创建、直接在 SketchUp 中使用【线条】工具 ✏ 和【推／拉】工具 ⬆ 进行大致的地形推拉等，其中利用【沙盒】工具创建地形的方法应用较为普遍。除了创建地形以外，【沙盒】工具还可以创建许多其他物体，例如膜状结构物体的创建等，希望用户能开拓思维，发掘并拓展【沙盒】工具的其他应用功能。

学习要求	知识点 \ 学习目标	了解	理解	应用	实践
	了解沙盒工具栏并掌握沙盒工具的用法	√	√		√
	掌握沙盒工具的用法	√	√	√	√
	掌握建筑插件的用法	√	√	√	√
	掌握文件导入导出的用法	√	√	√	√

10.1 沙盒工具

知识链接：沙盒工具栏

从 SketchUp 5 以后，创建地形使用的都是【沙盒】工具。确切地说，【沙盒】工具是一个插件，它是用 Ruby 语言结合 SketchUp Ruby API 编写的，其源文件也被予以加密处理。SketchUp 8 将【沙盒】工具自动加载到了软件中。

单击【视图】|【工具栏】|【沙盒】命令，将打开【沙盒】工具栏，该工具栏中包含了 7 个工具，分别是【根据等高线创建】工具 🗺、【根据网格创建】工具 🗺、【曲面拉伸】工具 🗺、【曲面平整】工具 🗺、【曲面投射】工具 ⊙、【添加细部】工具 🗺 和【翻转边线】工具 🔻，如图 10-1 所示。

图 10-1 【沙盒】工具栏

🌼**求生秘籍** —— 技巧提示

由于计算机屏幕观察模型的局限性，为了达到三维精确作图的目的，必须转换到最精确的视图来操作。真正的设计师往往会根据需要及时调整视图到最佳状态，这时对模型的操作才准确。

🔑**知识链接：** 【根据等高线创建】工具

使用【根据等高线创建】工具  (或单击【绘图】|【沙盒】|【根据等高线创建】命令)，可以让封闭相邻的等高线形成三角面。等高线可以是直线、圆弧、圆、曲线等，使用该工具将会使这些闭合或不闭合的线封闭成面，从而形成坡地。

例如使用【徒手画】工具 🖊 在上视图中创建地形，如图 10-2 所示。

图 10-2 创建地形

选中绘制好的等高线，然后使用【根据等高线创建工具】 ，生成的等高线地形会自动形成一个组，在组外将等高线删除，如图 10-3 所示。

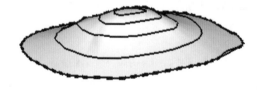
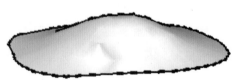

图 10-3 根据等高线工具创建

动手操练 —— 【根据等高线创建】工具
视频教程 —— 光盘主界面 / 第 10 章 /10.1.1

执行【根据等高线创建】工具命令主要有以下两种方式：

在菜单栏中，单击【绘图】|【沙盒】|【根据等高线创建】命令。

单击【沙盒】工具栏中的【根据等高线创建】按钮 。

使用【矩形】工具 ，绘制长度和宽度为 12000mm，9000mm 的矩形，如图 10-4 所示。

使用【推 / 拉】工具 ，推拉矩形，高度为 2800mm，如图 10-5 所示。

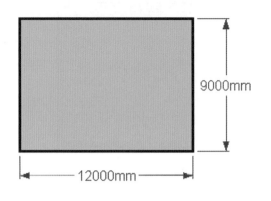

图 10-4 绘制矩形

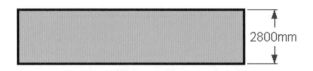

图 10-5 推拉矩形

使用【偏移】工具，选择矩形顶面，向外偏移矩形，距离为 225mm，如图 10-6 所示。

使用【卷尺】工具，选择在矩形顶面外边线，距离为 3225mm 处绘制辅助线，如图 10-7 所示。

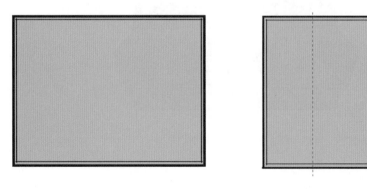

图 10-6 偏移矩形　　　　　　　图 10-7 绘制辅助线

使用【线条】工具，在矩形中心区域绘制直线，如图 10-8 所示。

使用【移动】工具，选择直线，向上移动距离为 3590mm，如图 10-9 所示。

使用【矩形】工具，绘制矩形，连接线的端点与矩形端点，如图 10-10 所示。

使用【圆弧】工具，在矩形面上绘制出一条弧线。突出部分距离为 500mm，如图 10-11 所示。

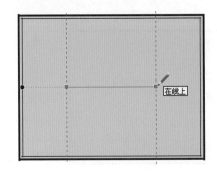

图 10-8 绘制直线

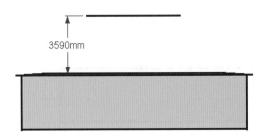

图 10-9 移动直线

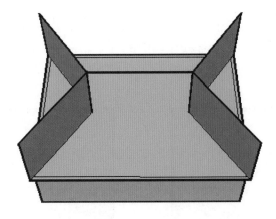

图 10-10 绘制矩形

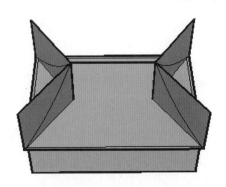

图 10-11 绘制圆弧

使用【矩形】工具 ，绘制矩形，长宽距离为 12450mm,400mm。根据所绘制矩形将其余 3 个矩形绘制出来，如图 10-12 和图 10-13 所示。

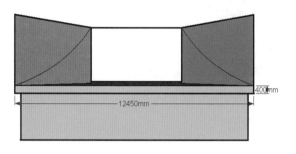

图 10-12 绘制矩形 1

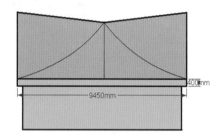

图 10-13 绘制矩形 2

使用【线条】工具 ，绘制直线，使用【圆弧】工具 ，绘制圆弧，如图 10-14 所示。删除多余线条，如图 10-15 所示。

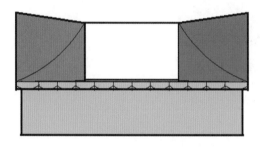

图 10-14 绘制圆弧

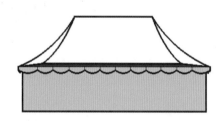

图 10-15 删除多余线条

激活【沙盒】工具栏中的【根据等高线工具创建】工具 ，删除多余线条，如图 10-16 所示，根据等高线完成膜的创建，如图 10-17 所示。

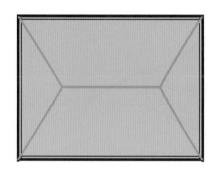

图 10-16 删除多余线条

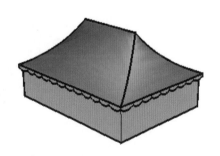

图 10-17 根据等高线工具创建

使用【矩形】工具 ，绘制长度和宽度为 2200mm，2800mm 的矩形门，并删除面，如图 10-18 所示。

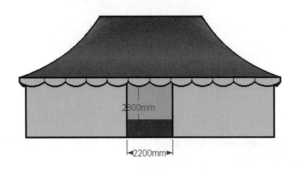

图 10-18 绘制门

使用【多边形】工具 ▽ 绘制边为 6 的多线形。使用【推 / 拉】工具 ，推拉厚度为 400mm，使用【线条】工具 ✎ 绘制直线，如图 10-19 所示。

图 10-19 绘制固定帐篷的绳子与木钉

使用【线条】工具 ✎ 绘制直线。使用【颜料桶】工具 添加颜色，完成后的效果如图 10-20 所示。

图 10-20 完成帐篷的绘制

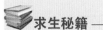**求生秘籍**—— 专业知识精选

Q 提问：住宅建筑体系的分类有哪些？

A 回答：住宅建筑体系分为以下子体系：①建筑与结构技术体系。②节能及新能源开发利用。包括各种气候带的节能住宅体系；新型的供热、制冷技术；能源综合利用和新能源开发。③住宅管线技术体系。④厨卫技术体系。建立厨房、卫生间的基本功能空间配置的整合技术，建立协调模数，并成套化整体生产和装配。⑤住宅环境及其保障技术体系。⑥住宅智能化技术体系。包括：住宅讯息传输及接收技术；住宅设备的自动控制系统；住宅安全防卫自动控制系统；住宅能耗及智能化控制及综合布线系统。

知识链接：【根据网格创建】工具

使用【根据网格创建】工具（或者单击【绘图】|【沙盒】|【根据网格创建】命令）可以根据网格创建地形。当然，创建的只是大体的地形空间，并不十分精确。如果需要精确的地形，还是要使用上文提到的【根据等高线工具创建】工具。

求生秘籍—— 技巧提示

当今的计算机大多数都配有带滚轮的鼠标，滚轮鼠标可以上下滑动，也可以将滚轮当鼠标中键使用，为了加快 SketchUp 作图的速度，对视图进行操作时应该最大程度地发挥鼠标的功能。

动手操练——【根据网格创建】工具

视频教程——光盘主界面／第 10 章／10.1.2

执行【根据网格创建】工具命令主要有以下两种方式：

在菜单栏中，单击【绘图】|【沙盒】|【根据网格创建】命令。

单击【沙盒】工具栏中的【根据网格创建】按钮。

激活【根据网格创建】工具，此时数值控制框内会提示输入网格间距，输入相应的数值，按 < Enter > 键确定，如图

栅格间距 50

图 10-21 输入数值

10-21 所示。

确定网格间距后，单击鼠标左键，然后确定起点，移动光标至所需长度，如图 10-22 所示。

在绘图区中拖动绘制网格平面，单击鼠标左键，完成网格的绘制，如图 10-23 所示。

完成绘制后，网格会自动封面，并形成一个组，如图 10-24 所示。

图 10-22 确定网格间距

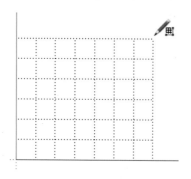

图 10-23 绘制网格

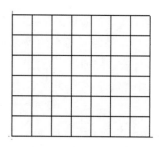

图 10-24 完成绘制网格

求生秘籍 —— 专业知识精选

地形图按照一定的投影方法、比例和专用符号把地面上的地形和地物通过测量绘制而成的图形，是规划和总平面设计的一项重要资料依据。

知识链接：【曲面拉伸】工具

使用【曲面拉伸】工具可以将网格中的部分进行曲面拉伸。

求生秘籍 —— 技巧提示

在 SketchUp 中，【设置场景坐标轴】与【显示十字光标】这两个操作并不常用，特别对于初学者来说，不需要过多地去研究，有一定的了解即可。

动手操练 ——【曲面拉伸】工具

视频教程 ——光盘主界面 / 第 10 章 /10.1.3

执行【曲面拉伸】工具命令主要有以下两种方式：

在菜单栏中，单击【工具】|【沙盒】|【曲面拉伸】命令。

单击【沙盒】工具栏中的【曲面拉伸】按钮 。

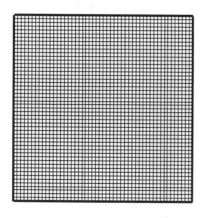

激活【根据网格创建】工具 ，输入网格间距为 2，按 < Enter > 键确定。创建长宽均为 100 的网格矩形，如图 10-25 所示。

例如双击网格组进入内部编辑，接着激活【曲面拉伸】工具 ，最后在数值控制框内输入变形的半径，如图 10-26 所示。

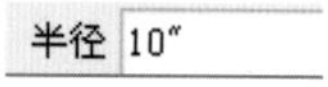

半径 10″

图 10-25 创建网格矩形

图 10-26 输入半径

激活【曲面拉伸】工具后，将光标指向网格平面时，会出现一个圆形的变形框，用户可以通过拾取一点进行变形，拾取点就是变形的基点，如图 10-27 所示，包含在圆圈内的对象都将进行不同幅度的变形，如图 10-28 所示。

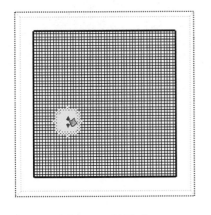

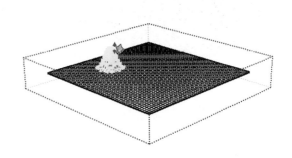

图 10-27 拾取点 　　　　　　　　图 10-28 拾取点变形

在网格平面上拾取不同的点并上下拖动，如图 10-29 所示。

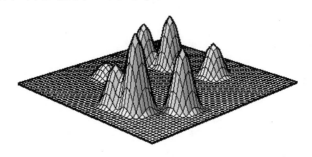

图 10-29 曲面拉伸

一般情况下，要达到预期的山体效果，需要对地形网格进行多次推拉，而且要不断地改变变形框的半径。

使用【曲面拉伸】工具进行拉伸时，拉伸的方向默认为 z 轴（即使用户改变了默认的轴线）。如果要多方位拉伸，用户可以使用

【旋转】工具将拉伸的组旋转至合适的角度，然后再进入群组的编辑状态进行拉伸，如图 10-30 所示。

如果只想对个别的点、线或面进行拉伸，用户可以先将变形框的半径设置为一个正方形网格单位的数值或者设置为 1mm。完成设置后，退出工具状态，然后再选择点、线（两个

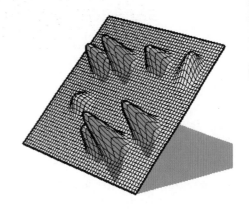

图 10-30 旋转之后拉伸

顶点)、面(面边线所有的顶点),如图 10-31 所示,接着再激活【曲面拉伸】工具 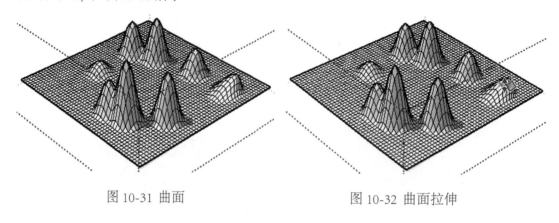 进行拉伸即可,如图 10-32 所示。

图 10-31 曲面 　　　　　　　　　图 10-32 曲面拉伸

求生秘籍 —— 专业知识精选

地形图上的比例尺是地面上一段长度与地图上相应一段长度之比。例如地形图比例尺是 1:1000,就是指地面上 1000 米的长度反映在地图上的长度是 1 米。

知识链接:【曲面平整】工具

使用【曲面平整】工具 (或者单击【工具】|【沙盒】|【曲面平整】命令)可以在复杂的地形表面上创建建筑基面和平整场地,使建筑物能够与地面更好地贴合。

使用【曲面平整】工具 不支持镂空的情况,遇到有镂空的面会自动闭合;同时,也不支持 90 度垂直方向或大于 90 度以上的转折,遇到此种情况会自动断开,如图 10-33 所示。

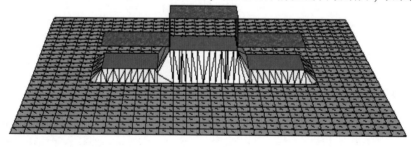

图 10-33 【曲面平整】工具

求生秘籍 —— 技巧提示

在 SketchUp 中,剖面图的绘制、调整、显示很方便,用户可以很随意地完成需要的剖面图,可以根据方案中垂直方向的结构、交通、构件等去选择剖面图,而不是为了绘制剖面图而绘制。

动手操练——【曲面平整】工具

视频教程——光盘主界面 / 第 10 章 /10.1.4

执行【曲面平整】工具命令主要有以下两种方式：

在菜单栏中，单击【工具】|【沙盒】|【曲面平整】命令。

单击【沙盒】工具栏中的【曲面平整】按钮　。

打开"10-4.skp"图形文件，在视图中调整好建筑物与地面的位置，使建筑物正好位于将要创建的建筑基面的垂直上方，接着激活【曲面平整】工具　，然后单击建筑物的底面，此时会出现一个红色的线框，如图 10-34 所示，该线框表示投射面的外延距离，在数值控制框内可以输入线框外延距离的数值，线框会根据输入数值的变化而变化。

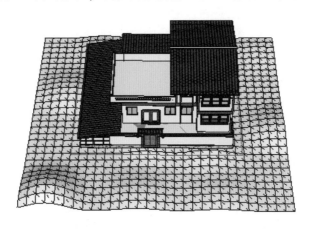

图 10-34 单击建筑物的底面

确定外延距离后，将光标移动到地形上时，光标将变为　，单击后将变为上下箭头，然后单击并进行拖动，将地形拉伸一定的距离，如图 10-35 所示，最后将建筑物移动到创建好的建筑基面上，如图 10-36 所示。

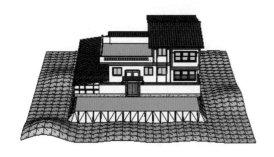

图 10-35 地形拉伸

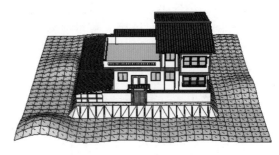

图 10-36 将建筑物移动到平台

如果需要对创建好的建筑基面进行位置修改时，用户可以先将面选中，然后使用【移动】工具　移动至合适的位置即可，如图 10-37 所示。

第
10
章

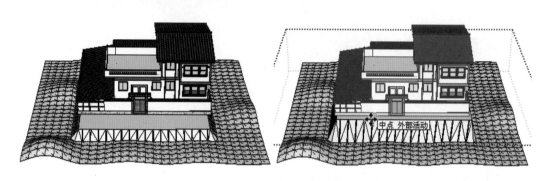

图 10-37 移动地形高度

求生秘籍 —— 专业知识精选

根据不同用途的需要，地形图的比例可以不同。地理位置地形图比例尺为 1：25000 或 1:50000；区域位置地形图比例尺为 1:5000 或 1:10000，等高线间距为 1 ～ 5 米；厂址地形图比例尺为 1:500，1:1000 或 1:2000，等高线间距为 0.25 ～ 1 米，厂外工程地形图，厂外铁路、道路、供水排水管线、热力管线，输电线路，原料成品输送廊道等带状地形图比例尺为 1:500 ～ 1:2000。

知识链接：【曲面投射】工具

使用【曲面投射】工具 （或者单击【工具】|【沙盒】|【曲面投射】命令）可以将物体的形状投射到地形表面上。与【曲面平整】工具 不同的是，【曲面平整】工具 是在地形表面上建立一个基底平面使建筑物与地面更好地贴合，而【曲面投射】工具 是在地形表面上划分一个投射面物体的形状。

求生秘籍 —— 技巧提示

Q 提问：在 SketchUp 中，背景天空能否贴图？

A 回答：在 SketchUp 中，背景与天空都无法贴图，只能用简单的颜色来表示，如果需要增加配景贴图，用户可以在 PhotoShop 中完成，也可以将 SketchUp 的文件导入到 Piranesi（"彩绘大师"）中生成水彩画等效果。

动手操练 —— 【曲面投射】工具

视频教程 —— 光盘主界面 / 第 10 章 /10.1.5

执行【曲面投射】工具命令主要有以下两种方式：
在菜单栏中，单击【工具】|【沙盒】|【曲面投射】命令。

单击【沙盒】工具栏中的【曲面投射】按钮 。

打开"10-5.skp"图形文件，绘制一个平面，并放置在地形表面的正上方，然后将该面制作为组件，接着激活【曲面投射】工具 ，并依此单击地形和平面，此时地面的边界会投射到平面上，如图 10-38 所示。

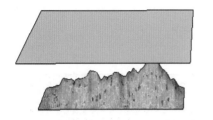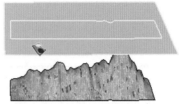

图 10-38　【曲面投射】工具

　　将投射后的平面制作为组件，在组件外绘制需要投射的图形，使其封闭成面，接着删除多余的部分，只保留需要投射的部分，如图 10-39 所示。

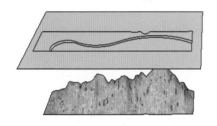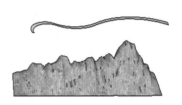

图 10-39　绘制投射 1

　　选择需要投射的物体，然后激活【曲面投射】工具 ，接着在地形表面上单击，此时投射物体会按照地形的起伏自动投射到地形表面上，如图 10-40 所示。

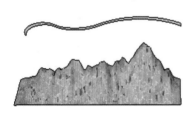

图 10-40　绘制投射 2

![求生秘籍图标]　**求生秘籍** —— 专业知识精选

　　地形图上的方向用指北针表示，在指北针箭头处注上"北"字或"N"字母。一般情况下地形图的上部为北向，下部为南向，即称上北下南。

![知识链接图标]　**知识链接**：【添加细部】工具

使用【添加细部】工具 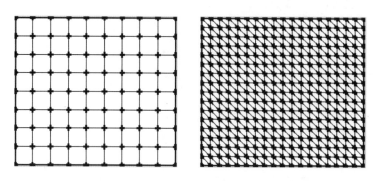 （或者单击【工具】|【沙盒】|【添加细部】命令）可以在根据网格创建地形不够精确的情况下，对网格进行进一步修改。细分的原则是将一个网格分成 4 块，共形成 8 个三角面，但破面的网格会有所不同，如图 10-41 所示。

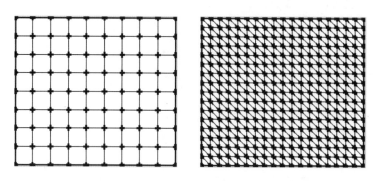

图 10-41　【添加细部】工具

📚**求生秘籍** —— *技巧提示*
添加图层的原则是按绘图要素的分类来新增图层，一个图层就是一种图形类别。

动手操练 —— 【添加细部】工具
视频教程 —— 光盘主界面 / 第 10 章 /10.1.6

执行【添加细部】工具命令主要有以下两种方式：
在菜单栏中，单击【工具】|【沙盒】|【添加细部】命令。

单击【沙盒】工具栏中的【添加细部】按钮 。

打开 "10-6.skp" 图形文件，如果需要对局部进行细分，用户可以只选择需要细分的部分，然后再激活【添加细部】工具 即可，如图 10-42 所示。对于成组的地形，需要进入其内部选择地形，或将其分解后再选择地形。

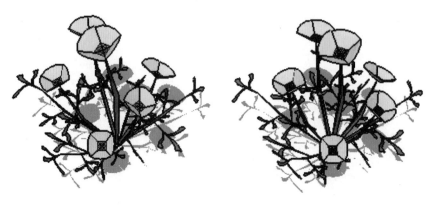

图 10-42　【添加细部】工具

求生秘籍 —— 专业知识精选

风玫瑰图是根据某一地区气象台观测的风气象资料，绘制出的图形。

知识链接：【翻转边线】工具

使用【翻转边线】工具（或者单击【工具】|【沙盒】|【翻转边线】命令）可以人为地改变地形网格边线的方向，对地形的局部进行调整。某些情况下，对于一些地形的起伏不能顺势而下，此时单击【翻转边线】命令，改变边线凹凸的方向，就可以很好地解决此问题了。

求生秘籍 —— 技巧提示

在大型场景的建模中，特别是小区设计、景观设计、城市设计，由于图形对象较多，用户应详细地对图形进行分类，并依此创建图层，以便后面的作图与图形的装饰，而在单体建筑设计与室内设计中，图形相对较简单，此时不需要使用图层管理，使用默认的"图层0"绘图即可。

动手操练 —— 【翻转边线】工具

视频教程 —— 光盘主界面 / 第 10 章 /10.1.7

执行【翻转边线】工具命令主要有以下两种方式：

在菜单栏中，单击【工具】|【沙盒】|【翻转边线】命令。

单击【沙盒】工具栏中的【翻转边线】按钮　。

打开"10-7.skp"图形文件，如图 10-43 所示。

图 10-43 打开文件

激活【翻转边线】工具　，然后在需要修改的位置上单击，即可改变边线的方向，如图 10-44 和图 10-45 所示。

图 10-44 选择线条

图 10-45 【翻转边线】工具

📚**求生秘籍** —— 专业知识精选

　　风玫瑰图分为风向玫瑰图和风速玫瑰图两种，一般多用风向玫瑰图。风向玫瑰图表示风向和风向的频率。

10.2 其他创建地形的几种方法

🔑**知识链接：** 其他创建地形的几种方法

　　除了以上所讲解的使用【根据等高线创建】工具和【根据网格创建】工具绘制地形的方法以外，还可以与其他软件进行三维数据的共享，或者通过简单的拉线成面的方法进行山体地形的创建。

求生秘籍 —— 技巧提示

　　采用【推 / 拉】工具创建山体虽然不是很精确，但却非常便捷，可以用来制作概念性方案展示或者进行大面积丘陵地带的景观设计。

　　动手操练 —— 其他创建地形的几种方法
　　视频教程 —— 光盘主界面 / 第 10 章 /10.2

　　执行【推 / 拉】命令主要有以下几种方式：
　　在菜单栏中，单击【绘图】｜【推 / 拉】命令。
　　直接按键盘上的 <P> 键。

　　单击【大工具集】工具栏中的【推 / 拉】按钮🔼。

　　(1) 使用【矩形】工具🔲，创建长 100mm、宽 100mm 的矩形，使用【圆弧】工具绘制圆弧，并添加图层，如图 10-46 所示。

　　(2) 用【推 / 拉】工具🔼依次推拉出高度，如图 10-47 所示。

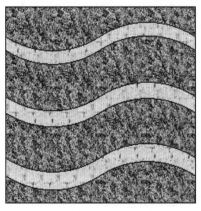

图 10-46 创建图形

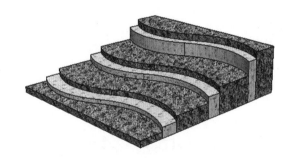

图 10-47 【推 / 拉】工具

求生秘籍 —— 专业知识精选

　　风向玫瑰图表示风向和风向的频率。风向频率是在一定时间内各种风向出现的次数占总观察次数的百分比。根据各方向风的出现频率，以相应的比例长度，按风向中心吹，描在用 8 个或 16 个方位所表示的图上，然后将各相邻方向的端点用直线连接起来，绘成一个形式宛如玫瑰的闭合折线，就是风玫瑰图。图中线段最长者即为当地主导风向。

10.3　建筑插件的用法

知识链接： 插件的获取和安装

　　在前面的命令讲解及重点实战中，为了让用户熟悉 SketchUp 的基本工具和使用技巧，我们都没有使用 SketchUp 以外的工具。但是在制作一些复杂模型时，使用 SketchUp 自身的工具来制作比较繁琐，在这种时候使用第三方插件会起到事半功倍的作用。本章节介绍了一些常用插件，这些插件都是专门针对 SketchUp 的缺陷而设计开发的，具有很强的实用性。本章将介绍几款常用插件的使用方法，用户可以根据实际需要选择使用。

用户可以到 http: //www.SketchUpbbs.com/thread-76521-1-1. html 站点下载本章所需要的插件。

SketchUp 的插件也称为脚本（Script），它是用 Ruby 语言编制的实用程序，通常程序文件的后缀名为"．rb"。一个简单的 SketchUp 插件只有 1 个，rb 文件，复杂一点的可能会有多个．rb 文件，并带有自己的文件夹和工具图标。安装插件时只需要将它们复制到 SketchUp 安装的 Plugins 子文件夹中即可。个别插件有专门的安装文件，在安装时可按照 Windows 应用程序的安装方法进行安装。

SketchUp 插件也可以通过互联网来获取，某些网站提供了大量插件，用户可以通过登录这些网站下载使用。

 求生秘籍 —— 技巧提示

国内的一些 SketchUp 论坛也提供了很多 SketchUp 插件，用户可以从这些论坛下载。

知识链接：【Lable Stray Lines】（标注线头）插件

这款插件在进行封面操作时非常有用，可以快速显示导入的 CAD 图形线段之间的缺口。

 求生秘籍 —— 技巧提示

在 SketchUp 中，很多用户不重视地理位置的设置，由于维度的不同，不同地区的太阳高度角，照射的强度与时间也不一致，如果地理位置设置不正确，则阴影与光线的模拟会失真，进而影响整体的效果。

动手操练 ——【Lable Stray Lines】（标注线头）插件

视频教程 —— 光盘主界面 / 第 10 章 /10.3.1

执行【标注线头】插件命令的方式如下:

在菜单栏中，单击【插件】|【Lable Stray Lines】命令。

打开"10-9.dwg"图形文件，如图 10-48 所示。

单击【插件】|【Lable Stray Lines】命令，如图 10-49 所示，CAD 图形文件的线段缺口就会被标注出来，如图 10-50 所示，然后进行封面的时候就可以有针对性地对这些缺口进行封闭操作了。

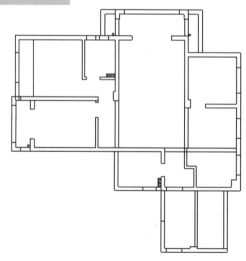

图 10-48 导入 CAD 文件

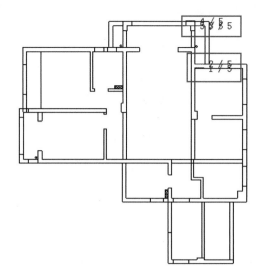

图 10-49 单击【Lable Stray Lines】命令　　　　图 10-50 缺口标注

求生秘籍 —— 专业知识精选

建筑物的位置朝向和当地主导风向有密切关系。如把清洁建筑物布置在主导风向的上风向；把污染建筑物布置在主导风向的下风向，以免受污染建筑物散发的有害物的影响。

知识链接：【焊接】插件

在使用 SketchUp 建模的过程中，经常会遇到制作好的曲线或模型上的某些边线会变成分离的多个小线段，很不便于选择和管理，特别是在需要重复操作它们时会更麻烦，而使用【焊接】插件（安装程序为 Weld.rb）就很容易解决这个问题。

求生秘籍 —— 技巧提示

在 SketchUp 中，打开显示阴影效果，这样对计算机的要求较高，特别是 CPU 的运算与显卡的 3D 功能。所以在一般作图的时候，不要显示阴影效果。

动手操练 ——【焊接】插件

视频教程 —— 光盘主界面／第 10 章／10.3.2

执行【焊接】插件的命令的方式如下：

在菜单栏中，单击【插件】|【编辑】|【焊接】命令。

单击【插件】|【绘制】|【螺旋线】命令，弹出【螺旋线参数设置】对话框，如图 10-51 所示。绘制的螺旋线如图 10-52 所示。

分解螺旋线，如图 10-53 所示。

单击【插件】|【编辑】|【焊接】命令，如图 10-54 所示。

系统提示是否封闭曲线（首尾点相连）或是否生成表面，用户根据需要选择即可，如图 10-55 ～图 10-57 所示。

图 10-51 【螺旋线参数设置】对话框

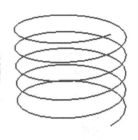

图 10-52 螺旋线

图 10-53 分解螺旋线

图 10-54 【焊接】命令

图 10-55 是否封闭曲线　　　　　图 10-56 是否生成表面

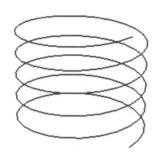

图 10-57 焊接为整条线段

求生秘籍——专业知识精选

　　风玫瑰图是一个地区特别是平原地区的风的一般情况，但由于地形、地物的不同，它对风气候起到直接的影响。由于地形、地面情况往往会引起局部气流的变化，使风向、风速改变，因此在进行建筑总平面设计时，要充分注意到地方小气候的变化，在设计中善于利用地形、地势，综合考虑对建筑的布置。

知识链接：【拉伸线】插件

　　安装好【拉伸线】插件后，插件菜单和右键快捷菜单中都会出现【拉伸线】命令，使用时选定需要挤压的线就可以直接应用该插件，挤压的高度可以通过在数值输入框中输入准确数值来设定，当然也可以通过拖动光标的方式拖出高度。【拉伸线】插件可以快速将线拉伸成面，其功能与 SUAAP 插件中【线转面】命令的功能类似。

　　有时在制作室内场景时，可能只需要单面墙体，通常的做法是先做好墙体截面，然后使用【推／拉】工具 推拉出具有厚度的墙体，接着删除朝外的墙面，才能得到需要的室内墙面，这样操作起来比较麻烦。使用【Extruded Lines】插件可以简化操作步骤，只需绘制出室内墙线就可以通过这个插件挤压出单面墙。

　　【拉伸线】插件不但可以对一个平面上的线进行挤压，而且对空间曲线同样适用。如在制作旋转楼梯的扶手侧边曲面时，有了这个插件后就可以直接挤压出曲面，如图 10-58 所示。

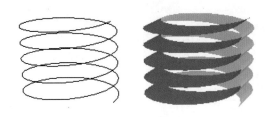

图 10-58 【拉伸线】命令 1

📚 求生秘籍 —— 技巧提示

Q 提问：SketchUp 中影响渲染速度的因素有哪些？

A 回答：在 SketchUp 中，许多因素都会影响渲染时间，慎用面光源，因为使用许多大的面光源会减慢渲染速度。此外，使用反光和凹凸面越多，则渲染速度越慢。

动手操练 ——【拉伸线】插件

视频教程 —— 光盘主界面 / 第 10 章 /10.3.3

执行【拉伸线】插件命令的方式如下：

在菜单栏中，单击【插件】|【线面工具】|【拉伸线】命令。

打开"10-10.dwg"文件，然后选中需要拉伸的面，单击鼠标右键，在弹出的快捷菜单中单击【拉伸线】命令，如图 10-59 所示。

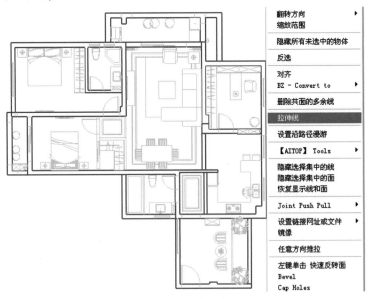

图 10-59 【拉伸线】命令 2

移动光标至拉伸的高度（或者在数值控制框中输入相应高度 3200mm），并且在【自动成组选项】对话框的【自动成组】下拉列表框中选择【No】，如图 10-60 所示，然后单击【确定】按钮。

完成墙体的拉伸，效果如图 10-61 所示。

图 10-60　【自动成组选项】对话框

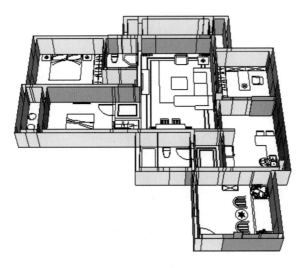

图 10-61　完成墙体拉伸

求生秘籍 —— 专业知识精选

建筑总平面布置是指根据建设项目的性质、规模、组成内容和使用要求，因地制宜地结合当地的自然条件、环境关系，按国家有关方针政策、有关规范和规定合理地布置建筑，组织交通线路，布置绿化，使其满足使用功能或生产工艺要求，做到技术经济合理、有利生产发展、方便职工生活。

知识链接： 【沿路径阵列】插件

在 SketchUp 中，沿直线或圆心阵列多个对象是比较容易的，但是沿一条稍复杂的路径进行阵列就很难了，遇到这种情况，用户可以使用【沿路径阵列】插件来完成。【沿路径阵列】插件只对组和组件进行操作。

在【插件】|【编辑】|【沿路径阵列】菜单中会有两个子命令，分别是【根据路径节点阵列】和【根据间距阵列】命令，如图 10-62 所示。

图 10-62　【沿路径阵列】子菜单

如果使用【根据路径节点阵列】命令，对象会在路径线上的每个节点上阵列一个对象；如果使用【根据间距阵列】命令，则要先在数值输入框中输入阵列对象的间距。

求生秘籍 —— 技巧提示

使用【沿路径阵列】插件时，如果路径线是由多段分离的曲线或直线组成时，就需要使用前面介绍的【焊接】插件将整个路径线焊接为整体才能使用。

动手操练 —— 【沿路径阵列】插件

视频教程 —— 光盘主界面 / 第 10 章 /10.3.4

执行【沿路径阵列】插件命令的方式如下：

在菜单栏中，单击【插件】|【编辑】|【沿路径阵列】命令。

打开"10-11.skp"图形文件，如图 10-63 所示。

图 10-63 打开文件

使用该插件时，先拾取路径线，单击【插件】|【编辑】|【沿路径阵列】|【根据间距阵列】命令，选择路径，输入阵列间距为 20，然后单击需要复制的对象，如图 10-64 所示，即可沿路径阵列，如图 10-65 所示。

图 10-64 先选择路径
再单击需要阵列的对象

图 10-65
根据间距阵列

求生秘籍 —— 专业知识精选

总平面布置应有必要的说明和设计图纸。说明的内容主要应阐述总平面布置的依据、原则、功能分区、交通组织、街景空间组织、环境美化设计、建筑小品和绿化布置等。

知识链接： 【Soap Bubble】（曲面建模）插件

安装好 Soap Bubble 插件后，在 SketchUp 的界面中可以打开它的工具栏，其包括的工具并不多，但这些工具在曲面建模方面的功能非常强大，如图 10-66 所示。

图 10-66　【Soap Bubble】工具栏

求生秘籍 —— 技巧提示

Pressure 值产生的效果会受 x/y 比率值的影响。

动手操练 —— 【Soap Bubble】（曲面建模）插件

视频教程 —— 光盘主界面 / 第 10 章 /10.3.5

执行【Soap Bubble】插件命令的方式如下：

在菜单栏中，单击【视图】|【工具栏】|【Soap Bubble】命令。

（1）Skin（生成网格）工具 ：选择封闭的曲线后，使用该工具可生成曲面或平面网格，在数值输入框中可以控制网格的 Division（密度），其取值范围在 1 ～ 30 之间，输入需数值后按〈Enter〉键可以观察到网格的计算和产生过程。

选择封闭的曲线，如图 10-67 所示。

使用【生成网格】工具 ，输入细分值为 10，生成细分的网格如图 10-68 所示。

图 10-67 封闭曲线

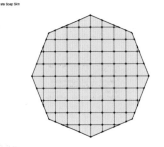

图 10-68 生成网格

按下 < Enter > 键确定，生成曲面，如图 10-69 所示。

（2）X/Y（x/y 比率）工具 ：Skin 命令结束后，会生成一个曲面群组。选择它执行此命令，在输入 X/Y 比率（0.01 ～ 100）以后直接按 < Enter > 键确定，即可调整曲面中间偏移的效果，这个值主要会影响到后面曲面压边的效果。

（3）Bub（起泡）工具 ：使用该工具同样需要选择网格群组，然后执行该命令，在数值输入框中输入 Pressure（压力）值（该值可正可负），可使曲面整体向内或向外偏移，以产生曲面效果，如图 10-70 和图 10-71 所示为压力值为 500 和 1000 的不同效果。

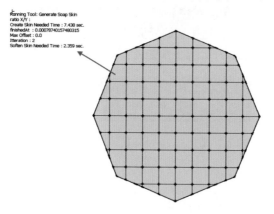

图 10-69 生成曲面

图 10-70 压力值为 500 的效果

图 10-71 压力值为 1000 的效果

（4）【播放】和【停止】工具▶▣：在生成曲面的过程中，可使用该工具停止计算，如果要重复上一次的操作，可单击【开始】按钮▣。

知识链接：【Joint Push Pull】（组合表面推拉）插件

　　【Joint Push Pull】插件是一个远比 SketchUp 的【推 / 拉】工具强大的插件，它的作用可媲美 3ds Max 的表面挤压工具，该插件工具栏包括 5 个工具，如图 10-72 所示，在【Joint Push Pull】菜单下有 5 个对应的菜单命令。

图 10-72　【Joint Push Pull】工具栏

动手操练——【Joint Push Pull】（组合表面推拉）插件
视频教程——光盘主界面 / 第 10 章 /10.3.6

　　执行【Joint Push Pull】插件命令的方式如下：
　　在菜单栏中，单击【视图】|【工具栏】|【Joint Push Pull】命令。

　　（1）【Joint Push Pull】（组合推拉）工具 ：该工具是【Joint Push Pull】插件中最具特色的一个工具，它不但可以对多个平面进行推拉，最主要的是它还可以对曲面进行推拉，推拉后仍然得到一个曲面，这对于曲面建模来说是非常有用的。

　　其操作步骤如下。

　　打开"10-13.skp"图形文件，选中面，激活【Joint Push Pull】工具 ，如图 10-73 所示，此时会以线框的形式显示出推拉结果，这时可以在数值输入框中输入推拉距离为−3，然后双击左键即可完成推拉操作。对单个曲面使用该工具可以很方便地得到具有厚度的弧形，如图 10-74 所示。

图 10-73　【Joint Push Pull】工具

　　单击【视图】|【隐藏几何图形】命令，将弧面以虚线进行显示之后，可以对单个弧形片面进行推拉操作。

　　（2）【Vector Push Pull】（向量推拉）工具 （图 10-75）：该工具可以将所选择表面沿任意方向进行推拉，如图 10-76 所示。

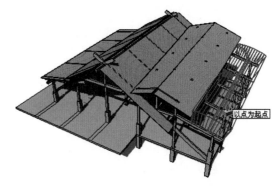

图 10-74　【Joint Push Pull】工具的使用

图 10-75　【Vector Push Pull】工具

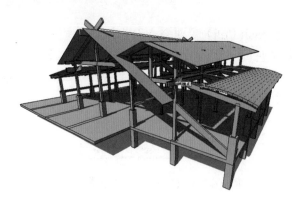

图 10-76 【Vector Push Pull】工具的使用

（3）【Normal Push Pull】（法线推拉）工具
（图 10-77）：该工具与 Joint Push Pull 工具的使用方
法比较类似，但法线推拉是沿所选表面各自的法线方
向进行推拉，输入推拉距离为 3，如图 10-78 所示。

图 10-77 【Normal Push Pull】工具

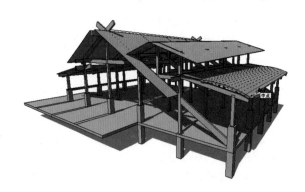

图 10-78 【Normal Push Pull】工具的使用

（4）【取消上一次推拉】工具 ：该工具可取消前一次推拉操作，并保持推拉前选择
的表面。

（5）【重复上一次推拉】工具 ：该工具可重复上一次推拉操作，可以选择新的表面
来应用上一次推拉。

求生秘籍 —— 专业知识精选

竖向布置根据建设项目的使用要求，结合用地地形特点和施工技术条件，合理确定建
筑物、构筑物道路等标高，做到充分利用地形，少挖填土石方，使设计经济合理，这就是竖
向布置设计的主要工作。

知识链接：【Subdivide and Smooth】（表面细分和光滑）插件

【Subdivide and Smooth】这样的插件，对于高端三维软件来说，只是一个必备的平常工

具，但对 SketchUp 来说，则产生了革命性的影响，可以让 SketchUp 的模型在精细度上产生质的飞跃。使用该插件可以将已有的模型进一步进行细分光滑，也可以用 SketchUp 所擅长的建模方式制作出一个模型的大概雏形，再使用这个插件进行精细化处理。

　　安装好【Subdivide and Smooth】后，【工具】菜单下会出现它的菜单命令【Subdivide and Smooth】以及其子菜单命令，并且它有自己的工具栏，如图 10-79 所示。

图 10-79　【Subdivide and Smooth】工具栏

求生秘籍——技巧提示

　　Podium 是一个简单的应用程序。渲染过程也是复杂的，有 3 个因素决定渲染效果，即光线、纹理和细节层次。如果这些设置恰当，用户将容易得到很好的渲染效果。

动手操练——【Subdivide and Smooth】（表面细分和光滑）插件

视频教程——光盘主界面 / 第 10 章 /10.3.7

执行【Subdivide and Smooth】插件命令的方式如下：

在菜单栏中，单击【视图】|【工具栏】|【Subdivide and Smooth】命令。

打开"10-14.skp"图形文件。

　　（1）【Subdivide and Smooth】（细分和光滑）工具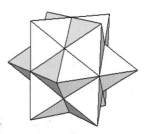

：该工具是这个插件的主要工具。使用时先选择一个原始模型，对这个模型应用该工具时，会弹出一个参数对话框，在该对话框中可以设置细分的等级数，值越大，得到的结果越精细，但占用的系统资源也更多，所以还应注意不要盲目地追求高精细度，如图 10-80~ 图 10-82 所示。

图 10-80 原始模型

图 10-81 值为 1

图 10-82 值为 2

第 10 章

在对群组进行细分和光滑的时候，会在组物体周围产生一个透明的代理物体，这个代理物体像其他模型一样，可以被选中后进行分割、推拉或旋转等操作，同时相对应的原始模型会跟随着改变，如图 10-83~ 图 10-86 所示。但是，由于插件可能存在不稳定性，推拉过程会偶尔出现模型不跟随修改的情况，需要多试几次。

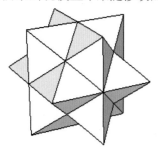

图 10-83 原始模型

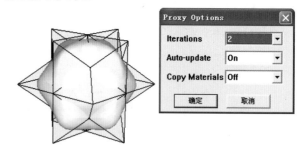

图 10-84 对组进行光滑处理

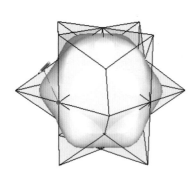

图 10-85 在代理物体上绘制直线

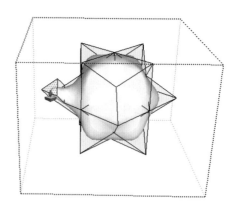

图 10-86 对代理部分进行推拉，原始模型会跟随改变

（2）【Subdivide Selected】（细分选择）工具 ：用来细分所选择的对象，该工具只产生面的细分，而不产生光滑效果，使用一次这个工具就会对表面细分一次，如图 10-87 所示。

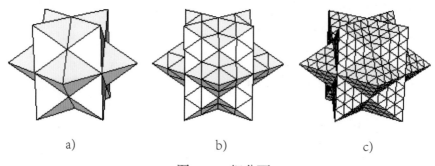

a)   b)   c)

图 10-87 细分面

（3）【Smoothall Selected Geometry】（平滑所有选择的实体）工具 ：用来平滑选择对象的表面。选择一个物体表面后，使用该工具可以对它们进行平滑处理，也可以连续单击该工具直到达到满意的平滑效果为止，如图 10-88 所示。

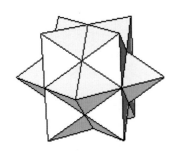

图 10-88 平滑实体

（4）【Crease Tool】（折痕工具）工具 ⋀：该工具主要用来产生硬边和尖锐的顶点效果。在对模型光滑之前，使用该工具单击顶点或边线，光滑处理后就可以产生折痕效果，如图 10-89 和图 10-90 所示。

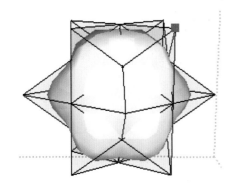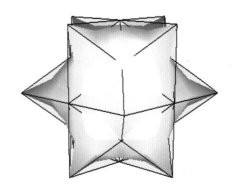

图 10-89 折痕工具　　　　　　　　　　　　　图 10-90 表面光滑

这种方法不容易捕捉点或边线，而且也无法预知折痕效果。所以，我们推荐在产生代理物体之后使用折痕工具。进入组，单击代理物体的顶点或边线（此时点或边线会以红色高亮显示），模型就会自动产生折痕效果，再次单击顶点，模型又会恢复柔滑状态，如图 10-91~ 图 10-95 所示。

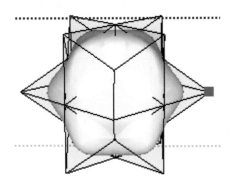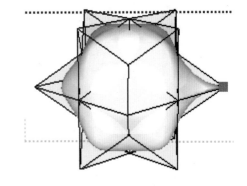

图 10-91 单击代理物体顶点　　　　　　　　图 10-92 模型产生折痕效果 1

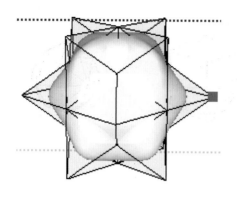

图 10-93 再次单击顶点，模型恢复原始形状

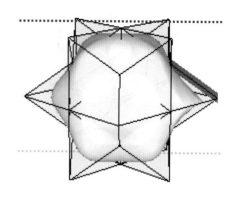

图 10-94 选择代理物体的边

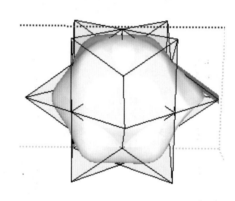

图 10-95 模型产生折痕效果 2

（5）【Knife Tool】（小刀工具）工具 ✎：该工具主要用来对表面进行手动细分，小刀划过的表面会产生新的边线，即产生新的细分。这个工具比较容易使用，可以随意对模型进行细分，以获得不同的分割效果，如图 10-96 和图 10-97 所示。

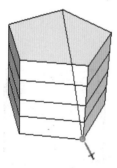

图 10-96 小刀工具

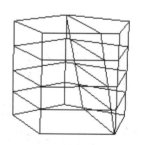

图 10-97 分割效果

（6）【Extrude Selected Face】（挤压选择的表面）工具 ：该工具的功能与 SketchUp 的【推 / 拉】工具 基本相同。选择代理物体的一个表面，使用【Extrude Selected Face】工具，会发现模型相应的表面产生了一定距离的挤压 / 拉伸。

求生秘籍 —— 专业知识精选

　　竖向布置的目的是改造和利用地形，使确定的设计标高和设计地面能满足建筑物、构筑物之间和场地内外交通运输合理要求，保证地面水有组织的排除，并力求使土石方工程量最小。

知识链接：【FFD】（自由变形）插件

　　【FFD】（自由变形）插件的安装文件名为 SketchyFFD.rb。安装好 SketchyFFD.rb 插件后，只能单击鼠标右键，在弹出的快捷菜单中选择该命令。

　　在选择一个组对象后单击鼠标右键，弹出的快捷菜单如图 10-98 所示。

图 10-98 右键快捷菜单

求生秘籍 —— 技巧提示

　　SketchyFFD 插件和 3dsMax 的 FFD 修改器的作用几乎是一样的，对于曲面建模来说该工具是一个必不可少的工具，主要用来对所选对象进行自由变形。

动手操练 ——【FFD】（自由变形）插件

视频教程 —— 光盘主界面 / 第 10 章 /10.3.8

　　执行【自由变形】插件命令的方式如下：
　　在右键快捷菜单中，【FFD】命令中选择。
　　打开"10-15.skp"图形文件，只有对群组才能添加 2×2FFD、3×3FFD 和 N×NFFD 控制器。当添加 N×NFFD 控制器时，会弹出一个对话框，在对话框中用户可以自由设置控制点的数目，生成的控制点会自动成为一个单独的组，如图 10-99~ 图 10-101 所示。控制点越多，对模型的控制力越强，但会增加操作难度，通常添加 3×3FFD 控制器就可以了。

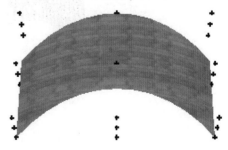

图 10-99 2×2FFD　　　　　　　　　图 10-100 3×3FFD

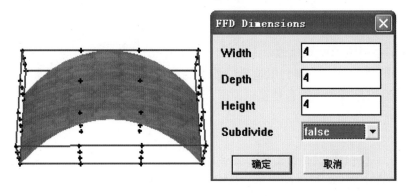

图 10-101 N×NFFD

在生成控制点以后，双击进入控制点的群组内部，然后用框选方式选中需要调整的控制点，接着使用【移动】工具 🪁，对控制点进行移动，那么模型就会发生相应变形，如图 10-102 所示。

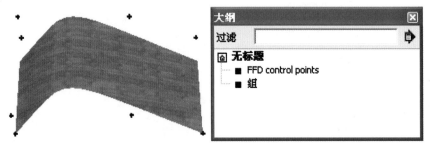

图 10-102 移动控制点

FDD 菜单包括【Lock Edges】（锁定边）命令，当把某些边锁定后进行 FFD 变形时，这些边将不受影响，如图 10-103 和图 10-104 所示。

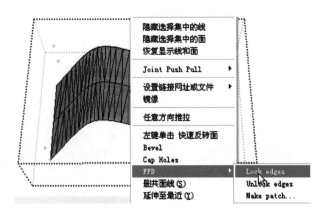

图 10-103 锁定边

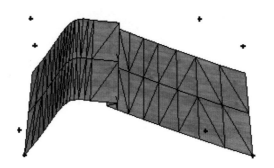

图 10-104 变形操作

求生秘籍 —— 专业知识精选

　　竖向布置图包括①场地施工坐标图、坐标值。②建筑物、构筑物名称（或编号）、室内外设计标高。③场地外围的道路、铁路、河渠或地面的关键标高。④道路、铁路、排水沟的起点、变坡点、转折点和终点等设计标高。⑤用坡向箭头表示地面坡向。⑥指北针。⑦说明栏内包括尺寸单位、比例、高层系统名称等。

知识链接：【Round Corner】（倒圆角）插件

　　【Round Corner】（倒圆角）插件可以将物体进行
倒圆角操作，该插件的工具栏如图 10-105 所示。　　　　图 10-105　【Round Corner】工具栏

求生秘籍 —— 技巧提示

　　按住 <Shift> 键不放，单击鼠标中键，实现平移功能。

动手操练 ——【Round Corner】（倒圆角）插件

视频教程 —— 光盘主界面 / 第 10 章 /10.3.9

　　执行【Round Corner】倒圆角插件命令的方式如下：

　　在菜单栏中，单击【视图】｜【工具栏】｜【Round Corner】命令。

　　使用【矩形】工具█绘制尺寸为 40mm、40mm 的矩形，使用【圆弧】工具◠绘制，长度为 500mm，突出部分为 200mm 的弧形路径，如图 10-106 所示。

　　使用【跟随路径】工具🖱，选择弧线，再选择矩形面，创建长椅腿，并创建为组，如图 10-107 所示。

图 10-106 绘制矩形与弧线 1

图 10-107 绘制跟随路径 1

使用【矩形】工具▥绘制尺寸为 40mm、40mm 的矩形，使用【圆弧】工具◠绘制，长度为 500mm，突出部分为 200mm 和 14mm 的两条弧形路径，如图 10-108 所示。

使用【跟随路径】工具🐌，选择弧线，在选择矩形面，创建长椅腿和靠背，并创建为组，如图 10-109 所示。

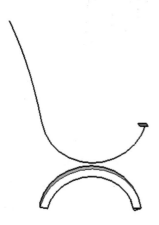

图 10-108 绘制矩形与弧线 2

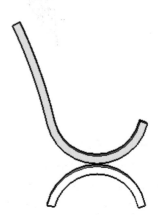

图 10-109 绘制跟随路径 2

使用【矩形】工具▥绘制尺寸为 100mm、100mm 的矩形，使用【推 / 拉】工具⬆，推拉厚度为 120mm，如图 10-110 所示。

使用【移动】工具✛，配合 < Ctrl > 键，移动复制所绘制图形，移动距离为 1500mm。如图 10-111 所示。

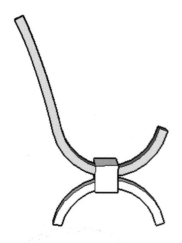

图 10-110 绘制长方体

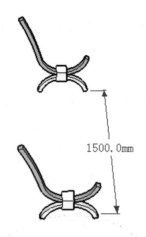

图 10-111 移动复制图形

使用【矩形】工具▥，绘制矩形，使用【推 / 拉】工具⬆，推拉出一定厚度，绘制长方体，如图 10-112 所示。

使用【矩形】工具 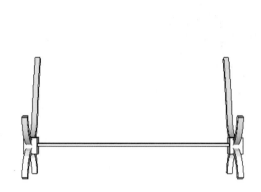，绘制尺寸为 40mm、100mm 的矩形，使用【推 / 拉】工具 ，推拉长度为 1700mm，绘制长方体。并创建为组，如图 10-113 所示。

图 10-112 绘制长方体　　　　　　　图 10-113 绘制长方体

单击【Round Corner】工具栏中的【Round Corners in3D】工具 ，对长椅靠背多出来的支架部分进行倒圆角处理，圆角尺寸为 5mm，如图 10-114 所示。

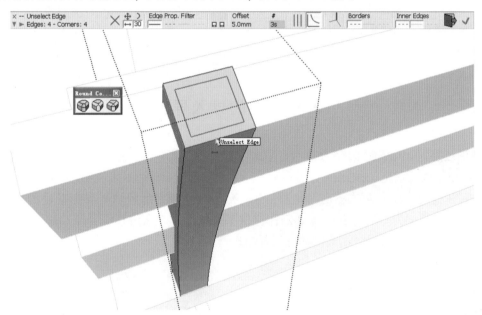

图 10-114 倒圆角处理

添加材质，完成长椅绘制，如图 10-115 所示。

图 10-115 完成长椅绘制

求生秘籍——专业知识精选

管线综合在建筑总平面设计的同时，根据有关规范和规定，综合解决各专业工程技术管线布置及其相互间的矛盾，从全面出发，使各种管线布置合理、经济，最后将各种管线统一布置在管线综合平面图上。

10.4 文件的导入导出

知识链接： AutoCAD 文件的导入与导出

SketchUp 可以与 AutoCAD、3ds Max 等相关图形处理软件共享数据成果，以弥补 SketchUp 在精确建模方面的不足。此外，SketchUp 在建模之后还可以导出准确的平面图、立面图和剖面图，为下一步施工图的制作提供基础条件。本章将详细介绍 SketchUp 与几种常用软件的衔接以及不同格式文件的导入导出操作。

求生秘籍——技巧提示

AutoCAD 中有宽度的多段线可以导入至 SketchUp 中变成面，而填充命令生成的面导入 SketchUp 中则不生成面。

动手操练——AutoCAD 文件的导入与导出
视频教程——光盘主界面 / 第 10 章 /10.4.1

执行【导入】、【导出】命令的方式如下：
在菜单栏中，单击【文件】｜【导入】或【导出】命令。

1. 导入 DWG/DXF 格式的文件

作为真正的方案推敲软件，SketchUp 必须支持方案设计的全过程。粗略抽象的概念设计是重要的，但精确的图纸也同样重要。因此，SketchUp 一开始就支持导入和导出 AutoCAD 的 DWG／DXF 格式的文件。

单击【文件】|【导入】命令，如图 10-116 所示，然后在弹出的【打开】对话框中设置【文件类型】为【AutoCAD 文件（*.dwg，*.dxf）】，如图 10-117 所示。

图 10-116　【导入】命令　　　　　　　　　　　图 10-117　【打开】对话框

单击选择需要导入的文件，然后单击【选项】按钮 ，接着在弹出的【导入 AutoCAD DWG/DXF 选项】对话框中，根据导入文件的属性选择一个导入的单位，一般选择为【毫米】或者【米】，如图 10-118 所示，最后单击【确定】按钮。

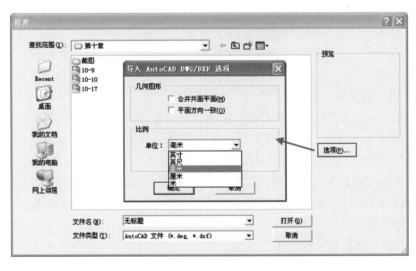

图 10-118　【导入 AutoCAD DWG/DXF 选项】对话框

完成设置后单击【确定】按钮，开始导入文件，大的文件可能需要几分钟，如图 10-119 所示。

导入完成后，SketchUp 会显示一个导入实体的报告，如图 10-120 所示。

图 10-119　【输入进度】对话框

图 10-120 【导入结果】对话框

如果导入之前，SketchUp 中已经有了别的实体，那么所有导入的几何体会合并为一个组，以免干扰（粘住）已有的几何体，但如果是导入到空白文件中就不会创建组。

SketchUp 支持导入的 AutoCAD 实体包括线、圆弧、圆、多段线、面、有厚度的实体、三维面、嵌套的图块以及图层。目前，SketchUp 还不能支持 AutoCAD 实心体、区域、样条线、锥形宽度的多段线、XREFS、填充图案、尺寸标注、文字和 ADT、ARX 物体，这些在导入时将被忽略。如果要导入这些未被支持的实体，用户需要 AutoCAD 中先将其分解（快捷键为 < X > 键）。需要注意的是，有些物体还需要分解多次才能在导出时转换为 SketchUp 几何体，有些即使被分解也无法导入。

在导入文件时，用户应尽量简化文件，只导入需要的几何体。这是因为导入一个大的 AutoCAD 文件时，系统会对每个图形实体都进行分析，这需要很长的时间，而且一旦导入后，由于 SketchUp 中智能化的线和表面需要比 AutoCAD 更多的系统资源，复杂的文件会降低 SketchUp 的系统性能。

有些文件可能包含非标准的单位、共面的表面以及朝向不一的表面，用户可以通过选中【导入 AutoCAD DWG ／ DXF 选项】对话框中的【合并共面平面】和【平面方向一致】复选框纠正这些问题。

【合并共面平面】复选框：导入 DWG 或 DXF 格式的文件时，用户会发现一些平面上有三角形的划分线。手工删除这些多余的线是很繁琐的，用户可以使用该选项让 SketchUp 自动删除多余的划分线。

【平面方向一致】复选框：选中该复选框后，系统会自动分析导入表面的朝向，并统一表面的法线方向。

一些 AutoCAD 文件以统一单位来保存数据，例如 DXF 格式的文件，这意味着导入时必须指定导入文件使用的单位以保证进行正确的缩放。如果已知 AutoCAD 文件使用的单位为毫米，而在导入时却选择了米，那么就意味着图形放大了 1000 倍。

在 SketchUp 中导入 DWG 格式的文件时，在【打开】对话框的右侧有一个【选项】按钮 选项(P)... ，单击该按钮并在弹出的【导入 AutoCAD DWG/DXF 选项】对话框中设置导入的【单位】为【毫米】即可，如图 10-121 所示。

图 10-121 单位选择

不过，需要注意的是，在 SketchUp 中只能识别 0.001 平方单位以上的表面，如果导入的模型有 0.01 单位长度的边线，将不能导入，因为 0.01×0.01=0.0001 平方单位。所以在导入未知单位文件时，宁愿设定大的单位也不要选择小的单位，因为模型比例缩小会使一些过小的表面在 SketchUp 中被忽略，剩余的表面也可能发生变形。如果指定单位为米，导入的模型虽然过大，但所有表面都被正确导入了，用户可以缩放模型到正确的尺寸。

导入的 AutoCAD 图形需要在 SketchUp 中生成面，然后才能被拉伸。对于在同一平面内本来就封闭的线，只需绘制其中一小段线段就会自动封闭成面；对于开口的线，将开口处用线连接好就会生成面，如图 10-122 所示。

图 10-122 生成面

在需要封闭很多面的情况下，用户可以使用【Label Stray Lines】插件。该插件可以快速标明图形的缺口。另外，还可以使用所讲的 SUAPP（SketchUp Architectural Plugin Pack）插件集中的线面工具进行封面。

具体步骤为：选中要封面的线，接着单击【插件】|【线面工具】|【生成面域】命令，如图 10-123 所示。在运用插件进行封面的时候需要等待一段时间，在绘图区下方会显示一条进度条显示封面的进程。插件没有封到的面可以使用【线条】工具 ✎ 进行补充。

在导入 AutoCAD 图形时，有时候会发现导入的线段不在一个面上，这可能是在 AutoCAD 中没有对线的标高进行统一所导致的。如果已经统一了标高，但是导入后还是会出现线条弯曲的情况，或者是出现线条晃动的情况，建议复制这些线条，然后重新打开 SketchUp 并粘贴至一个新的文件中。

图 10-123 【生成面域】命令

2. 导出 DWG/DXF 格式的二维矢量图文件

SketchUp 允许将模型导出为多种格式的二维矢量图，包括 DWG、DXF、EPS 和 PDF 格式。导出的二维矢量图可以方便地在任何 CAD 软件或矢量处理软件中导入和编辑。

SketchUp 的一些图形特性无法导出到二维矢量图中，包括贴图、阴影和透明度。

在绘图窗口中调整好视图的视角（SketchUp 会将当前视图导出，并忽略贴图，阴影等不支持的特性）。

单击【文件】|【导出】|【二维图形】命令，如图 10-124 所示，弹出【输出二维图形】对话框，然后设置【文件类型】为【AutoCAD DWG 文件 (*.dwg)】或者【AutoCAD DXF 文件 (*.dxf)】，接着设置导出的文件名，如图 10-125 所示。

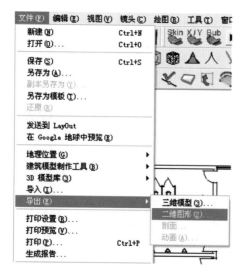

图 10-124 【二维图形】命令

图 10-125 【输出二维图形】对话框

单击【选项】按钮，弹出【DWG/DXF 隐藏线选项】对话框，从中设置输出的参数，如图 10-126 所示。完成设置后单击【确定】按钮，即可进行输出。

【DWG/DXF 隐藏线选项】对话框参数详解：

（1）【图纸比例与大小】选项组

【实际尺寸】：选中该复选框将按真实尺寸 1:1 导出。

【在图纸中】/【在模型中】：【在图纸中】和【在模型中】的比例就是导出时的缩放比例。例如，【在图纸中】/【在模型中】：1 毫米 /1 米，那就相当于导出 1:1000 的图形。另外，开启【透视显示】模式时不能定义这两项的比例，即使在【平行投影】模式下，也必须是表面的法线垂直视图时才可以。

【宽度】/【高度】：定义导出图形的宽度和高度。

（2）【AutoCAD 版本】选项组

在该选项组中，用户可以选择导出的 AutoCAD 版本。

（3）【轮廓线】选项组

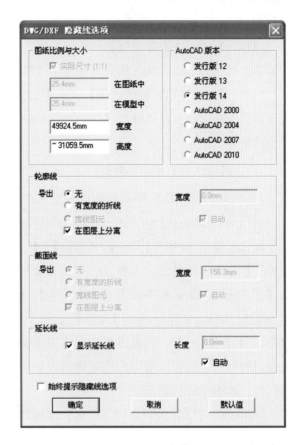

图 10-126 【DWG/DXF 隐藏线选项】对话框

【无】：单击【无】单选按钮，则导出时会忽略屏幕显示效果而导出正常的线条；如果没有设置该项，则 SketchUp 中显示的轮廓线会导出为较粗的线。

【有宽度的折线】：单击【有宽度的折线】单选按钮，则导出的轮廓线为多段线实体。

【宽线图元】：单击【宽线图元】单选按钮，则导出的剖面线为粗线实体。该项只有导出 AutoCAD 2000 以上版本的，DWG 文件才有效。

【在图层上分离】：选中【在图层上分离】复选框，将导出专门的轮廓线图层，便于在其他程序中设置和修改。SketchUp 的图层设置在导出二维消隐线矢量图时不会直接转换。

（4）【截面线】选项组

该选项组中的设置与【轮廓线】选项组相类似。

（5）【延长线】选项组

【显示延长线】：选中该复选框后，将导出 SketchUp 中显示的延长线。如果取消该复选框，将导出正常的线条。这里有一点要注意，延长线在 SketchUp 中对捕捉参考系统没有影响，但在别的 CAD 程序中就可能出现问题，如果要编辑导出的矢量图，最好取消。

【长度】：用于指定延长线的长度。该项只有在选中【显示延长线】复选框并取消【自动】复选框后才生效。

　　【自动】：选中该复选框将分析用户指定的导出尺寸，并匹配延长线的长度，让延长线和屏幕上显示得相似。该选项只有在选中【显示延长线】复选框时才生效。

　　（6）【始终提示隐藏线选项】：选中该复选框后，每次导出为 DWG 和 DXF 格式的二维矢量图文件时都会自动弹出【DWG/DXF 消隐线选项】对话框；如果取消该复选框，将使用上次的导出设置。

　　（7）【默认值】按钮 默认值 ：单击该按钮可以恢复系统默认值。

3. 导入 DWG/DXF 格式的三维模型文件

　　导出为 DWG/DXF 格式的三维模型文件的具体操作步骤如下。单击【文件】|【导出】|【三维模型】命令，如图 10-127 所示，然后在弹出的【输出模型】对话框中设置【输出类型】为【AutoCAD DWG 文件（*.dwg）】或者【AutoCAD DXF 文件（*.dxf）】。完成设置后即可按当前设置进行保存，也可以对导出选项进行设置后再保存，如图 10-128 所示。

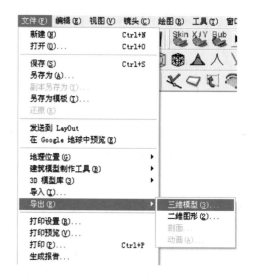

图 10-127　【三维模型】命令

　　SketchUp 可以导出面、线（线框）或辅助线，所有 SketchUp 的表面都将导出为三角形的多段网格面。

　　导出为 AutoCAD 文件时，SketchUp 使用当前的文件单位导出。例如，SketchUp 的当前单位设置是十进制（米），以此为单位导出的

图 10-128　【输出模型】对话框

DWG 文件在 AutoCAD 中也必须将单位设置为十进制（米）才能正确转换模型。另外，还有一点需要注意，导出时，复数的线实体不会被创建为多段线实体。

知识链接： 二维图像的导入与导出

设计师可能经常需要对扫描图、传真、图片等图像进行描绘，SketchUp 允许用户导入 JPEG、PNG、TGA、BMP 和 TIFF 格式的图像到模型中。

求生秘籍 —— 技巧提示

AutoCAD 当中的立面图，导入到 SketchUp 中作为一个单独的面，通常对于建立 3D 模型来说没有太大意义，但是非常有用的一点是，立起来，放在模型大体块旁边，用来帮助准确地"捕捉"地面上的尺寸。

动手操练 —— 二维图像的导入与导出

视频教程 —— 光盘主界面 / 第 10 章 /10.4.2

执行二维图像的【导入】与【导出】命令的方式如下：

在菜单栏中，单击【文件】|【导入】或【导出】命令。

1. 导入 DWG/DXF 格式的文件

（1）单击【文件】|【导入】命令，如图 10-129 所示，弹出【打开】对话框，从中选择图片导入，如图 10-130 所示。

图 10-129　【导入】命令

图 10-130　【打开】对话框

也可以用鼠标右键单击桌面左下角的【开始】菜单，单击【资源管理器】命令，打开图像所在的文件夹，选中图像，拖放至 SketchUp 绘图窗口中，如图 10-131 所示。

图 10-131 【资源管理器】命令

改变图像高宽比：

默认情况下，导入的图像保持原始文件的高宽比，用户可以在导入图像时按住 <Shift> 键来改变高宽比，也可以使用【缩放】工具 来改变图像的高宽比。

缩小图像文件大小：

当用户在场景中导入一个图像后，这个图像就封装到了 SketchUp 文件中。这样在发送 SketchUp 文件给他人时就不会丢失文件链接，但这也意味着文件会迅速变大。所以在导入图像时，应尽量控制图像文件的大小。下面提供两种减小图像文件大小的方法。

①降低图像的分辨率。图像的分辨率与图像文件大小直接相关，有时候，低分辨率的图像就能满足描图等需要。用户可以在导入图像前先将图像转为灰度，然后在降低分辨率，一次来减小图像文件的大小。图像分辨率也会受到 OpenGL 驱动能处理的最大贴图限制，大多数系统的限制是 1024 像素 ×1024 像素，如果需要大图，用户可以用多幅图片拼合而成。

②压缩图像。将图像压缩成为 JPEG 或者 PNG 格式。

（2）图像右键关联菜单

将图像导入 SketchUp 后，如果在图像上单击鼠标右键，将弹出快捷菜单，如图 10-132 所示。

【图元信息】：执行该命令将弹出【图元信息】对话框，用户可以在此查看和修改图像的属性，如图 10-133 所示。

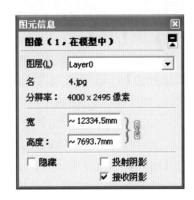

图 10-132 右键快捷菜单　　　　　　图 10-133 【图元信息】对话框

【删除】：该命令用于将图像从模型中删除。

【隐藏】：该命令用于隐藏所选物体，选择隐藏物体后，该命令就会变为【显示】。

【分解】：该命令用于分解图像。

【输出】/【重新载入】：如果对导入的图像不满意，用户可以单击【导出】命令将其导出，并在其他软件中进行编辑修改，完成修改后再单击【重新载入】命令将其重新载入到 SketchUp 中。

【缩放范围】：该命令用于缩放视野使整个实体可见，并处于绘图窗口的正中。

【阴影】：该命令用于让图像产生阴影。

【解除黏接】：如果一个图像吸附在一个表面上，它将只能在该表面上移动。【解除黏接】命令可以让图像脱离吸附的表面。

【用作材质】：该命令用于将导入的图像作为材质贴图使用。

2. 导出图像

SketchUp 允许用户导出 JPG、BMP、TGA、TIFF、PNG 和 Epix 等格式的二维光栅图像。

（1）导出 JPG 格式的图像

将文件导出为 JPG 格式的具体操作步骤如下。

① 在绘图窗口中设置好需要导出的模型视图。

② 设置好视图后，单击【文件】|【导出】|【二维图像】命令，弹出【输出二维图形】对话框，然后设置好输出的文件名和文件格式（JPG 格式），单击【选项】按钮，弹出【导出 JPG 选项】对话框，如图 10-134 所示。

【使用视图大小】：选中该复选框，则导出图像的尺寸大小为当前视图窗口的大

图 10-134 【导出 JPG 选项】对话框

227

小，取消该复选框，则可以自定义图像尺寸。

【宽度】／【高度】：指定图像的尺寸，以【像素】为单位，指定的尺寸越大，导出时间越长，消耗内存越多，生成的图像文件也越大，最好只按需要导出相应大小的图像文件。

【消除锯齿】：选中该复选框后，SketchUp 会对导出图像做平滑处理。这样需要更多的导出时间，但可以减少图像中的线条锯齿。

在 SketchUp 中导出高质量的位图方法：SketchUp 的图片导出质量与显卡的硬件质量有很大关系，显卡越好，抗锯齿的能力就越强，导出的图片就越清晰。

单击【窗口】｜【使用偏好】命令，弹出【系统使用偏好】对话框，然后在 OpenGL 选项卡中选中【使用硬件加速】复选框，如图 10-135 所示。

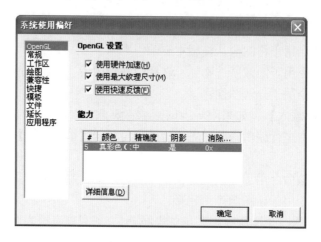

图 10-135 【系统使用偏好】对话框

除了上述方法外，在导出图像时，用户可以先导出一张尺寸较大的图片，然后再在 Photoshop 中将图片的尺寸改小，这样也能增强图像的抗锯齿效果，如图 10-136 所示。

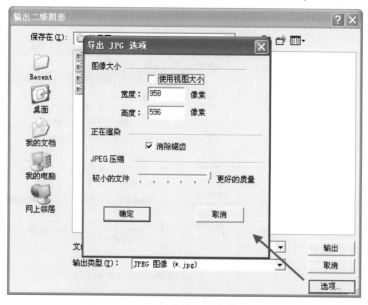

图 10-136 【导出 JPG 选项】对话框

（2）导出 PDF/EPS 格式的图像

将文件导出为 PDF/EPS 格式的具体操作步骤如下。

① 在绘图窗口中设置要导出的模型视图。

② 设置好模型视图后，单击【文件】|【导出】|【二维图形】命令，弹出【输出二维图形】对话框，然后设置好导出的文件名和文件格式（PDF/EPS 格式），如图 10-137 所示，单击【选项】按钮，弹出【便携文档格式（PDF）隐藏线选项】对话框，如图 10-138 所示。

图 10-137 【输出二维图形】对话框

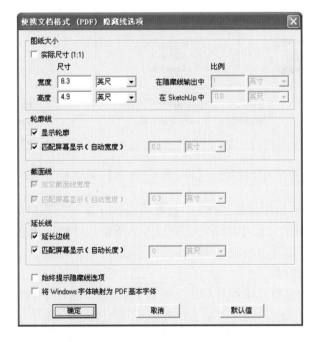

图 10-138 【便携文档格式（PDF）隐藏线选项】对话框

PDF 文件是 Adobe 公司开发的开放式电子文档，支持各种字体、图片、格式和颜色，是压缩过的文件，便于发布、浏览和打印。

EPS 文件是 Adobe 公司开发的标准图形格式，广泛用于图像设计和印刷品出版。

导出 PDF 和 EPS 格式的最初目的是矢量图输出，因此导出文件中可以包括线条和填充区域，但不能导出贴图、阴影、平滑着色、背景和透明度等显示效果。另外，由于 SketchUp 没有使用 OpenGL 来输出矢量图，因此也不能导出那些由 OpenGL 渲染出来的效果。如果要导出所见即所得的图像，可以导出为光栅图像。

SketchUp 导出文字标注到二维图形中有以下限制。

① 被几何体遮挡的文字和标注在导出之后会出现在几何体前面。

② 位于 SketchUp 绘图窗口边缘的文字和标注实体不能被导出。

③某些字体不能正常转换。

（3）导出 Epix 格式的图像

将文件导出为 Epix 格式的具体操作步骤如下。

单击【文件】|【导出】|【二维图形】命令，弹出【输出二维图形】对话框，然后设置好导出的文件名和文件格式（*.epx 格式），单击【选项】按钮，弹出【导出 Epx 选项】对话框，如图 10-139 所示。

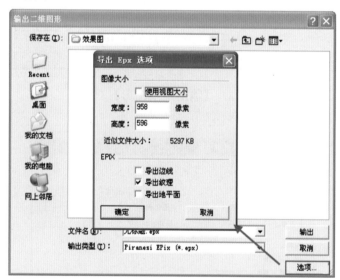

图 10-139 【导出 Epx 选项】对话框

【使用视图大小】：选中该复选框后，将使用 SketchUp 绘图窗口的精确尺寸导出图像，取消该复选框则可以自定义尺寸。通常，要打印的图像尺寸都比正常的屏幕尺寸要大，而 Epix 格式的文件储存了比普通光栅图像更多的信息通道，文件会更大，所以使用较大的图像尺寸会消耗较多的系统资源。

【导出边线】：大多数三维程序导出文件到 Piranesi 绘图软件中时，不会导出边线。而边线是传统徒手绘制的基础。该选项用于将屏幕显示的边线样式导入 Epix 格式的文件中。

如果在样式编辑栏中的边线设置里关闭了【显示边线】选项，则不管是否选中了【导出边线】复选框，导出的文件中都不会显示边线。

【导出纹理】：选中该复选框可以将所有贴图材质导入到 Epix 格式的文件中。

【导出纹理】：该选项只有在为表面赋予了材质贴图并且处于贴图模式下才有效。

【导出地平面】：SketchUp 不适合渲染有机物体，例如人和树，而 Piranesi 绘图软件则可以。该选项可以在深度通道中创建一个地平面，让用户可以快速地放置人、树、贴图等，而不需要在 SketchUp 中建立一个地面。如果用户想要产生地面阴影，这是很必要的。

Piranesi 软件和 Epix 文件的导出：

Piranesi 绘图软件能对 SketchUp 的模型进行效果极佳的渲染，通过使用 SketchUp 提供的空间深度和材质信息，设计师可以快速准确地在三维空间中工作，用以填充颜色、应用照片贴图或手绘贴图、添加背景和细节等，这些效果是即时显示的，方便调试和润色图像。这样，设计师在很短的时间内能够将 SketchUp 创作的草图再进一步通过绘图软件 Piranesi 绘制，最后生成水彩风格的建筑作品以及商业级的效果图。如图 10-140 所示。

图 10-140　绘图效果

要正确导出 Epix 文件，用户必须将屏幕显示设置为 32 位色。Epix 文件除了保存图像信息外，还保存了基于三维模型的额外信息，这些信息可以让 Piranesi 软件智能地渲染图像。

Epix 文件保存的额外信息主要包括 3 种通道。

① RGB 通道。保存每个像素的颜色值。这和其他光栅图像格式是一样的，实际上，Epix 文件被大多数图像编辑器识别为 TIFF 文件。

② 深度通道。保存每个像素距离视点的距离值。这个信息帮助 Piranesi 软件理解图像中模型表面的拓扑关系，以对其进行赋予材质、缩放物体、锁定方位以及其他基于三维模型表面的操作。

③ 材质通道。保存每个像素的材质，这样在填充材质不必担心填充到不需要的部分。

一般来说，Piranesi 软件需要一个平涂着色、没有贴图的 Epix 文件。SketchUp 的一些显示模式不能在 Piranesi 软件中正常工作，例如【线框显示】模式和【消隐】模式。另外，SketchUp 的其他一些特性也不完全和 Piranesi 软件的要求相符合，例如边线和材质。

求生秘籍—— 专业知识精选

建筑模数是建筑物及其构配件（或组合件）选定的标准尺寸单位，并作为尺寸协调中的增值单位，称为建筑模数单位。在建筑模数协调中选用的基本尺寸单位，其数值为100mm，符号为 M，即 1M ＝ 100mm，目前世界上大部分国家均以此为基本模数单位。

知识链接：三维图像的导入与导出

在绘图过程中，三维图形的导入可以提高用户的工作效率，同时也能减少工作量。

求生秘籍—— 技巧提示

在建模初期，用户最好将模型编辑为组，然后进入组内部去建模修改，这样可以方便以后的修改。

动手操练—— 三维图像的导入与导出

视频教程—— 光盘主界面 / 第 10 章 /10.4.3

执行三维图像的【导入】与【导出】命令的方式如下：

在菜单栏中，单击【文件】|【导入】或【导出】命令。

1. 导入 3DS 格式的文件

导入 3DS 格式文件的具体操作步骤如下。

单击【文件】|【导入】命令，然后在弹出的【打开】对话框中找到需要导入的文件并将其导入。在导入前可以先设置导入的格式为【3DS Files（*.3ds）】，单击【选项】按钮，弹出【3DS 导入选项】对话框，如图 10-141 所示。

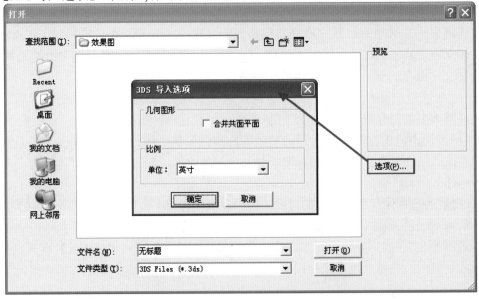

图 10-141 【3DS 导入选项】对话框

2. 导出 3DS 格式的文件

3DS 格式的文件支持 SketchUp 导出材质、贴图和照相机，比 DWG 格式和 DXF 格式更能完美地转换 SketchUp 模型。

导出为 3DS 格式文件的具体操作步骤如下。

单击【文件】|【导出】|【三维模型】命令，弹出【输出模型】对话框，然后设置好导出的文件名和文件格式（3DS 格式），如图 10-142 所示，单击【选项】按钮，弹出【3DS 导出选项】对话框，如图 10-143 所示。

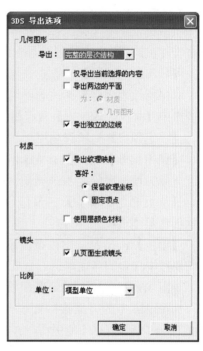

图 10-142 【输出模型】对话框　　　　　图 10-143 【3DS 导出选项】对话框

【几何图形】选项组用于设置导出的模式，【导出】下拉列表框包含了 4 个不同的选项，如图 10-144 所示。

图 10-144 【几何图形】选项组

【完整的层次结构】：该模式下，SketchUp 将按组与组件的层级关系导出模型。

【按图层】：该模式下，模型将按同一图层上的物体导出。

【按材质】：该模式下，SketchUp 将按材质贴图导出模型。

【单个对象】：该模式用于将整个模型导出为一个已命名的物体，常用于导出为大型基地模型创建的物体，例如导出一个单一的建筑模型。

【仅导出当前选择的内容】：选中该复选框将只导出当前选中的实体。

【导出两边的平面】：选中该复选框将激活下面的【材质】和【几何图形】附属选项，其中【材质】选项能开启 3DS 材质定义中的双面标记，这个选项导出的多边形数量和单面导出的多边形数量一样，但会使渲染速度下降，特别是开启阴影和反射效果的时候；另外，这个选项无法使用 SketchUp 中的表面背面的材质。相反，【几何图形】选项则是将每个 SketchUp 的面都导出两次，一次导出正面，另一次导出背面，导出的多边形数量增加一倍，同样会使渲染速度下降，但是导出的模型两个面都可以渲染，并且正反两面可有不同的材质。

【导出纹理映射】：选中该复选框可以导出模型的材质贴图。

【保留纹理坐标】：该选项用于在导出 3DS 文件时，不改变 SketchUp 材质贴图的坐标。只有选中【导出纹理映射】复选框后，该选项和【固定顶点】选项才能被激活。

【固定顶点】：该选项用于在导出 3DS 文件时，保持贴图坐标与平面视图对齐。

【使用层颜色材料】：3DS 格式不能直接支持图层，选中这个复选框将以 SketchUp 的图层分配为基准来分配 3DS 材质，可以按图层对模型进行分组。

【从页面生成镜头】：该选项用于保存时为当前视图创建照相机，也为每个 SketchUp 页面创建照相机。

【单位】：指定导出模型使用的测量单位。默认设置是【模型单位】，即 SketchUp 的系统属性中指定的当前单位。

导出 3DS 格式文件的问题和限制：

SketchUp 专为方案推敲而设计，它的一些特性不同：于其他的 3D 建模程序。在导出 3DS 文件时一些信息不能保留。3DS 格式本身也有一些局限性。

SketchUp 可以自动处理一些限制性问题，并提供一系列导出选项以适应不同的需要。以下是需要注意的内容。

①物体顶点限制。3DS 格式的一个物体被限制为 64000 个顶点和 64000 个面。如果 SketchUp 的模型超出这个限制，那么导出的 3DS 文件可能无法在别的程序中导入。SketchUp 会自动监视并显示警告对话框。

要处理这个问题，首先要确定选中【仅导出当前选择的内容】复选框，然后试着将模型单个依次导出。

②嵌套的组或组件。目前，SketchUp 不能导出组合组件的层级到 3DS 文件中。换句话说，组中嵌套的组会被打散并附属于最高层级的组。

③双面的表面。在一些 3D 程序中，多边形的表面法线方向是很重要的，因为默认情况下只有表面的正面可见。这好像违反了直觉，真实世界的物体并不是这样的，但这样能提高渲染效率。

而在 SketchUp 中，一个表面的两个面都可见，用户不必担心面的朝向。例如，在 SketchUp 中创建了一个带默认材质的立方体，立方体的外表面为棕色而内表面为蓝色。如果内外表面都赋予相同材质，那么表面的方向就不重要了。

但是，导出的模型如果没有统一法线，那在别的应用程序中就可以出现"丢面"的现象。并不是真的丢失了，而是面的朝向不对。

解决这个问题的一个方法是用【将面翻转】命令对表面进行手工复位，或者用【统一面的方向】命令将所有相邻表面的法线方向统一，这样可以同时修正多个表面法线的问题。另外，【3DS 导出选项】对话框中的【导出两边的平面】选项也可以修正这个问题，这是一种强力、有效的方法，如果没时间手工修改表面法线时，使用这个命令非常方便。

④双面贴图。表面有正反两面，但只有正面的 UV 贴图可以导出。

⑤复数的 UV 顶点。3DS 文件中每个顶点只能使用一个 UV 贴图坐标，所以共享相同顶点的两个面上无法具有不同的贴图。为了打破这个限制，SketchUp 通过分割几何体，让在同一平面上的多边形的组拥有各自的顶点，如此虽然可以保持材料贴图，但由于顶点重复，也可能会造成无法正确进行一些 3D 模型操作，例如【平滑】或【布尔运算】。

幸运的是，当前的大部分 3D 应用程序都可以保持正确贴图和结合重复的顶点，在由 SketchUp 导出的 3DS 文件中进行此操作，不论是在贴图、模型都能得到理想的结果。

这里有一点需要注意，表面的正反两面都赋予材质的话，背面的 UV 贴图将被忽略。

⑥独立边线。一些 3D 程序使用的是"顶点 - 面"模型，不能识别 SketchUp 的独立边线定义，3DS 文件也是如此，要导出边线，SketchUp 会导出细长的矩形来代替这些独立边线，但可能导致无效的 3DS 文件。如果可能，不要将独立边线导出到 3DS 文件中。

⑦贴图名称。3DS 文件使用的贴图文件名格式有基于 DOS 系统的字符限制，不支持长文件名和一些特殊字符。

SketchUp 在导出时会试着创建 DOS 标准的文件名。例如，一个命名为 corrugated metal.jpg 的文件在 3DS 文件中被描述为 corrug-1.jpg。别的使用相同的头 6 个字符的文件被描述为 corrug-2.jpg，并以此类推。

不过这样的话，如果要在别的 3D 程序中使用贴图，就必须重新指定贴图文件或修改贴图文件的名称。

⑧贴图路径。保存 SketchUp 文件时，使用的材质会封装到文件中。当用户将文件 Email 给他人时，不需要担心找不到材质贴图的问题。但是，3DS 文件只是提供了贴图文件的链接，没有保存贴图的实际路径和信息；这一局限很容易破坏贴图分配，最容易的解决办法就是在导入模型的 3D 程序中添加 SketchUp 的贴图文件目录，这样就能解决贴图文件找不到的问题。

如果贴图文件不是保存在本地文件夹中，就不能使用如果别人将 SketchUp 文件 Email 给自己，该文件封装自定义的贴图材质，这些材质是无法导出到 3DS 文件中，这就需要另外再把贴图文件传送过来，或者将 SketchUp 文件中的贴图导出为图像文件。

⑨材质名称。SketchUp 允许使用多种字符的长文件名，而 3DS 不行。因此，导出时，材质名称会被修改并截至 12 个字符。

⑩可见性。只有当前可见的物体才能导出到 3DS 文件中，隐藏的物体或处于隐藏图层中的物体是不会被导出的。

⑪图层。3DS 格式不支持图层，所有 SketchUp 图层在导出时都将丢失。如果要保留图层，最好导出为 DWG 格式。另外，用户可以选中【使用层颜色颜料】复选框，这样在别的应用程序中就可以基于 SketchUp 图层来选择和管理几何体。

⑫单位。SketchUp 导出 3DS 文件时可以在选项中指定单位。例如，在 SketchUp 中边

长为【1 米】的立方体在设置单位为【米】时，导出到 3DS 文件后，边长为 1。如果将导出单位设成【厘米】，则该立方体的导出边长为 100。

3DS 格式通过比例因子来记录单位信息，这样，其他程序读取 3DS 文件时都可以自动转换为真实尺寸。例如上面的立方体虽然边长一个为 1，一个为 100，但导入程序后却是一样大小。

不幸的是，有些程序忽略了单位缩放信息，这将导致边长为 100 厘米的立方体在导入后是边长为 1 米的立方体的 100 倍。遇到这种情况，用户只能在导出时就把单位设成其他程序导入时需要的单位。

3. 导出 VRML 格式的文件

VRML2.0（虚拟实景模型语言）是一种三维场景的描述格式文件，通常用于三维应用程序之间的数据交换或在网络上发布三维信息。VRML 格式的文件可以储存 SketchUp 的几何体，包括边线、表面、组、材质、透明度、照相机视图和灯光等。

导出为 VRML 格式文件的具体操作步骤如下。

单击【文件】|【导出】|【三维模型】命令，弹出【输出模型】对话框，设置好导出的文件名和文件格式（*.wrl 格式），如图 10-145 所示，单击【选项】按钮，弹出【VEML 导出选项】对话框，如图 10-146 所示。

图 10-145
【输出模型】对话框

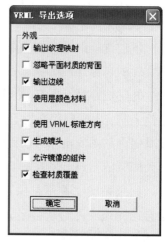

图 10-146
【VRML 导出选项】对话框

【输出纹理映射】：选中该复选框后，SketchUp 将把贴图信息导出到 VRML 文件中。如果没有选择该项，将只导出颜色。在网上发布 VRML 文件时，用户可以对文件进行编辑，将纹理贴图的绝对路径改为相对路径。此外，VRML 文件的贴图和材质的名称也不能有空格，SketchUp 会用下划线来替换空格。

【忽略平面材质的背面】：SketchUp 在导出 VRML 文件时，可以导出双面材质。如果该复选框被选中，则两面都将以正面的材质导出。

【输出边线】：选中该复选框后，SketchUp 将把边线导出为 VRML 边线实体。

【使用层颜色材料】：选中该复选框，SketchUp 将按图层颜色来导出几何体的材质。

【使用 VRML 标准方向】：VRML 默认以 *xz* 平面作为水平面（相当于地面），而 SketchUp 是以 *xy* 平面作为地面。选中该复选框后，导出的文件会转换为 VRML 标准。

【生成镜头】：选中该复选框后，SketchUp 会为每个页面都创建一个 VRML 照相机。当前的 SketchUp 视图会导出为【默认镜头】，其他页面照相机则以页面来命名。

【允许镜像的组件】：选中该复选框可以导出镜像和缩放后的组件。

【检查材质覆盖】：选中该复选框会自动检测组件内的物体是否有应用默认材质的物体，或是否有属于默认图层的物体。

4. 导出 OBJ 格式的文件

OBJ 是一种基于文件的格式，支持自由格式和多边形几何体。在此不再详细介绍。

求生秘籍—— 专业知识精选

定位轴线用以确定主要结构位置的线，如确定建筑的开间或柱距，进深或跨度的线称为定位轴线。

10.5 本章小结

在本章的学习中，希望用户掌握 SketchUp 沙盒工具的使用方法，插件的安装及几款常用插件使用方法，熟练运用这些插件，可以帮助用户在建模时更加得心应手。

第 10 章

第 3 篇

综合实战篇

第 11 章
建筑效果设计实战应用（一）

本章导读

SketchUp 在城市规划中的应用非常普遍。本章以一个综合居住小区的建模与渲染为例，系统介绍从导入 CAD 图纸到建模再到渲染模型直至最终出图的一系列步骤，帮助用户温习前面章节所学的知识，提高综合运用 SketchUp 各种工具命令的能力，并在这个过程中掌握修建性详细规划这一层次的建模深度及图纸要求。

案例流程概述：

首先精简建筑方案的平、立面图，然后将图纸导入 SketchUp 中创建建筑模型，渲染出图后，最后使用 Photoshop 进行图像的后期处理。

学习要求	知识点 \ 学习目标	了解	理解	应用	实践
	了解修建性详细规划的表现深度	√	√		
	掌握在 SketchUp 中创建精细模型的手法	√	√	√	√
	了解使用 Potoshop 进行图像后期处理的手法	√	√	√	√

11.1 实战分析与设计图预览

知识链接： 了解修建性详细规划与 SketchUp 的关系

修建性详细规划 (Site Plan) 是以城市总体规划、分区规划或控制性详细规划为依据，制订用以指导各项建筑和工程设施的设计和施工的规划设计，是城市详细规划的一种。修建性详细规划往往对规划成果要求比较细致，其内容依据《城市规划编制办法》应当包括下列内容：建设条件分析及综合技术经济论证；作出建筑、道路和绿地等的空间布局和景观规划设计，布置总平面图；道路交通规划设计；绿地系统规划设计；工程管线规划设计；竖向规划设计；估算工程量、拆迁量和总造价，分析投资效益。

修建性详细规划的文件和图纸包括：修建性详细规划设计说明书、规划地区现状图、规划总平面图、各项专业规划图、竖向规划图、反映规划设计意图的透视图等。

大部分用户都认为 SketchUp 只能作为概念性层次的模型结构，只能表达出规划范围内的建筑空间形态，的确，SketchUp 在快速构建概念模型空间的阶段有其他软件无法比拟的优势，但是 SketchUp 在精细建模层次也不比其他软件差，笔者将在本章及后面几个章节中为用户详细讲述 SketchUp 在精细模型构建中的运用。本案例 SketchUp 场景中的单位均为毫米。

知识链接： 了解案例的规划情况

1.项目概况

本章实例选择了居住小区，用地总面积约为 10000m²，小区中有住宅区、商业区以及会所等类型的建筑，总建筑面积为 26000m²，渲染效果如图 11-1 所示。

图 11-1 项目概况

2.总体规划构想

本项目定位为拥有高品质环境的高档综合社区，以多层住宅为主，配合规划建筑与绿化有机结合，为人们提供一个健康的、充满生机活力的居住环境。小区沿街布置商业区，商业区上面为小高层住宅，既保证了良好的采光又达到商业价值的最大化开发，同时优美挺拔的建筑轮廓线亦塑造了现代都市的优美天际线。结合地块特征和市场需求，在南面及中心位置布置有多层住宅，以利于日照、采光、通风等要求，如图 11-2 所示。

图 11-2 总体规划构想

3. 功能分区

规划充分结合地块使用性质与交通优势，合理划分功能区域，如图 11-3 所示。项目共设计 3 栋建筑，包括一栋 14 层的住宅建筑和临街设置的两栋 10 层的住宅建筑，下设三层商业建筑，依地形呈围合状布置，首层设计为架空停车层。

图 11-3　功能分区

4. 交通流线

根据用地与城市交通的关系，在西南角和东北角设置小区出入口，同时作为小区景观带的起点，使小区与城市有较好的衔接界面。小区道路与每户相连构成小区的交通网络，并在公共场所区域设有公共室外停车场，如图 11-4 所示。

图 11-4　交通流线

5. 景观分析

小区内庭院围合感较强。在场地中心设置小区景观中心，采用绿化廊道贯穿整个小区与商业区，绿色的植物带来纯粹的自然感受，为住户创造舒适且相对独立的绿色生态空间。在临街界面的处理上，采用宽敞精致的人行地面铺装，建筑立面采用典雅、自然、活泼的建筑语言，共同烘托繁荣的商业文化气氛，以期实现都市新生活标向，效果如图 11-5 所示。

图 11-5 景观效果

11.2 设计绘制过程

视频教程 —— 光盘主界面 / 第 11 章

动手操练 —— 导入 SketchUp 前的准备工作

1. 将 CAD 图纸导入 SketchUp 中

单击【文件】|【导入】命令，导入文件名为"11-1.dwg"的图形文件，如图 11-6 和图 11-7 所示。

文件(F)	编辑(E)	视图(V)	镜头(C)
新建(N)			Ctrl+N
打开(O)...			Ctrl+O
保存(S)			Ctrl+S
另存为(A)...			
副本另存为(Y)...			
另存为模板(T)...			
还原(R)			
发送到 LayOut			
在 Google 地球中预览(E)			
地理位置(G)			▶
建筑模型制作工具(B)			▶
3D 模型库(3)			▶
导入(I)...			
导出(E)			▶
打印设置(R)...			
打印预览(V)...			
打印(P)...			Ctrl+P
生成报告...			

图 11-6 【导入】命令

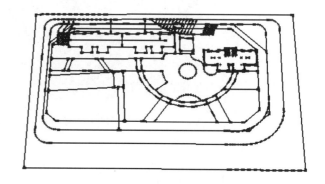

图 11-7 导入的 CAD 图纸

求生秘籍 —— 专业知识精选

Q 提问：建筑的体型系数是什么？

A 回答：建筑物外露部分所有面的面积总和（F_0），除以该建筑物的体积（V_0），所得数值称为建筑的体型系数。为了减少建筑物外围护结构临空面的面积大而造成的热能损失，节能建筑标准中对建筑物的体型系数做出限定，限定不同地区的住宅体型系数应在限定值以内。建筑的耗能量随着体型系数加大而增加，体型系数小，建筑物耗能效果好。为了减少建筑物的体型系数，在设计中用户可以采用以下几点：

①建筑平面布局紧凑，减少外墙凹凸变化，即减少外墙面的长度；②加大建筑物的栋深；③加大建筑物的层数；④加大建筑物的体量。

动手操练 —— 绘制底面商铺楼

根据 CAD 图纸，使用【线条】工具 ✏️，绘制线条；使用【圆弧】工具 ◜，绘制圆弧，绘制底面商铺楼平面，如图 11-8 所示。

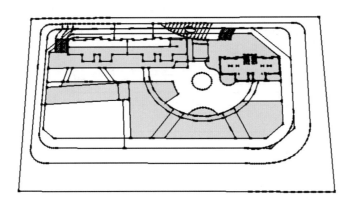

图 11-8 绘制底面商铺楼平面 1

使用【圆】工具 ⬤，绘制圆柱底面，直径为 660mm；使用【移动】工具 ✴️，配合使用 <Ctrl> 键，移动复制圆形，如图 11-9 所示。

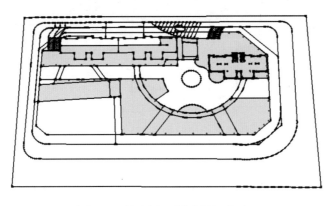

图 11-9 绘制底面商铺楼平面 2

双击进入组内部，使用【推／拉】工具 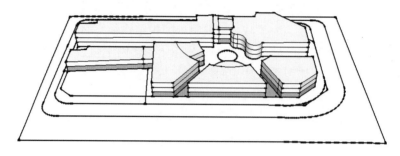，绘制建筑构件，依次推拉高度为 4000mm，如图 11-10 所示。

图 11-10 推拉图形

双击进入圆内部，使用【推／拉】工具 ，推拉出圆柱体，如图 11-11 所示。

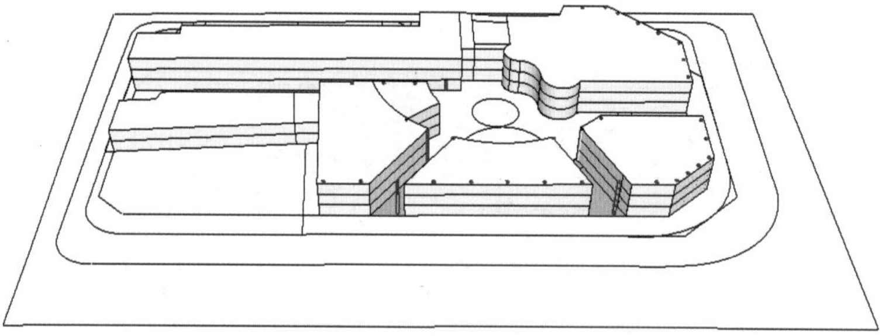

图 11-11 绘制柱子

使用【线条】工具 ，绘制线条；使用【推／拉】工具 ，推拉出一定厚度，绘制商铺外部形状，如图 11-12 所示。

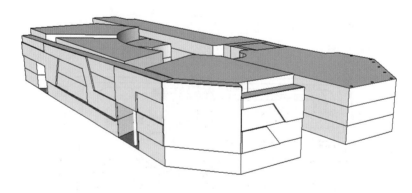

图 11-12 绘制商铺外部形状

双击进入组内部，使用【线条】工具 ，绘制线条；使用【推／拉】工具 ，推拉出一定厚度，绘制商铺窗户及楼梯，如图 11-13 所示。

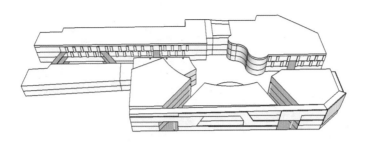

图 11-13 绘制商铺窗户及楼梯

选择【颜料桶】工具，弹出【材质】对话框，选择半透明材质中的【彩色半透明玻璃】，切换到【编辑】选项卡，调节颜色，如图 11-14 所示。

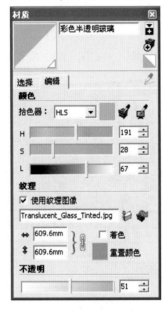

图 11-14 【材质】对话框

使用【线条】工具，绘制线条；使用【推／拉】工具，推拉出一定厚度，绘制商铺内部结构，如图 11-15 和图 11-16 所示。

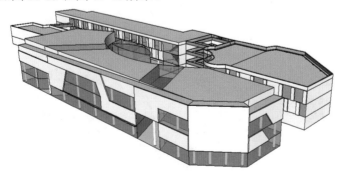

图 11-15 添加玻璃材质之后绘制商铺内部结构 1

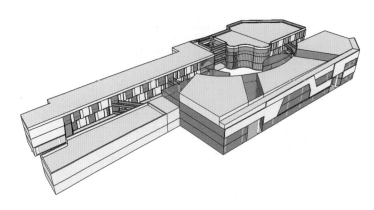

图 11-16 添加玻璃材质之后绘制商铺内部结构 2

使用【矩形】工具 ，绘制矩形；使用【线条】工具 ，绘制线条；使用【圆弧】
工具 ，绘制圆弧，绘制楼梯走廊雨挡，如图 11-17 所示。

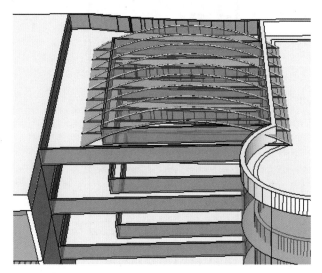

图 11-17 绘制楼梯走廊雨挡

完成商铺绘制，如图 11-18 和图 11-19 所示。

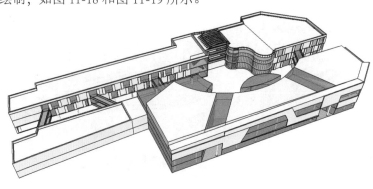

图 11-18 完成商铺绘制 1

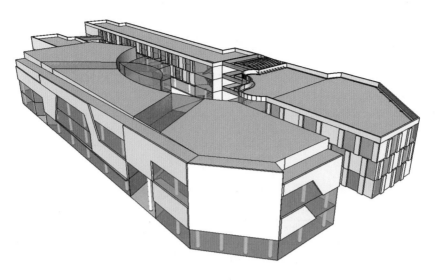

图 11-19 完成商铺绘制 2

求生秘籍 —— 专业知识精选

住宅使用面积指住宅房间实际能使用的面积，不包括墙、柱等结构构造和保温层的面积。

动手操练 —— 绘制商铺上面的居民楼

使用【线条】工具，绘制线条，绘制出东边商铺的居民楼地面，并创建为组，如图 11-20 所示。

双击进入组内部，使用【推/拉】工具，推拉高度为 6000mm，如图 11-21 所示。

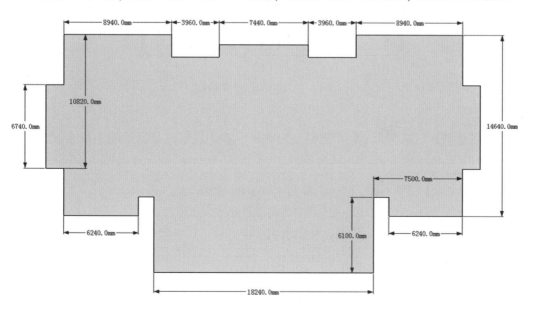

图 11-20 绘制地面

图 11-21 推拉矩形

使用【线条】工具，绘制出客厅的部分窗户，如图 11-22 所示。

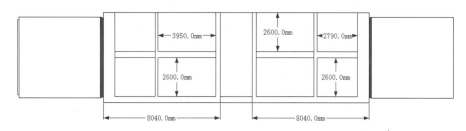

图 11-22 绘制窗户轮廓

使用【推 / 拉】工具，推拉玻璃位置距离为 400mm，推拉窗框位置距离为 200mm，如图 11-23 所示。

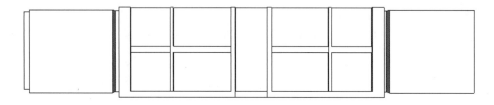

图 11-23 推拉出窗户轮廓

使用【移动】工具，配合使用 <Ctrl> 键，移动复制线条，绘制出阳台部分，如图 11-24 所示。

使用【推 / 拉】工具，推拉距离为 1500mm，如图 11-25 所示。

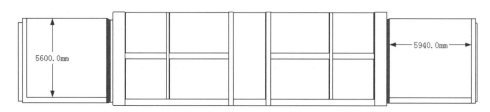

图 11-24 绘制阳台轮廓

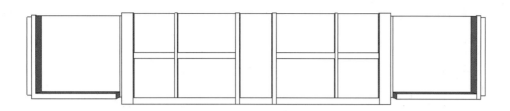

图 11-25　推拉出阳台轮廓

双击进入组内部，使用【移动】工具 ，配合使用 <Ctrl> 键，移动复制线条，距离为 220mm；使用【矩形】工具 ，绘制矩形，尺寸为 100mm、100mm，如图 11-26 所示。

使用【跟随路径】工具 ，选择路径，再选择矩形截面，如图 11-27 所示。

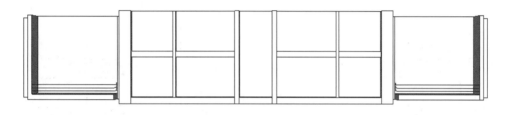

图 11-26　复制线条和绘制矩形

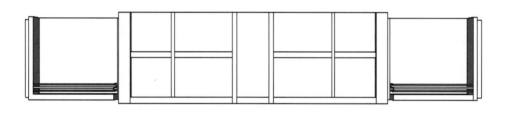

图 11-27　路径跟随

使用同样方法，绘制出二层阳台，如图 11-28 所示。

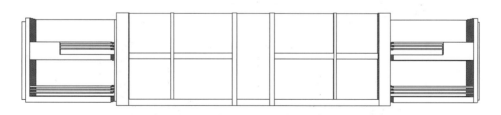

图 11-28　绘制二层阳台

使用【矩形】工具 ，绘制矩形门窗轮廓，门尺寸为 1500mm、2000mm，窗尺寸为 900mm、1400mm。使用【线条】工具，绘制线条，如图 11-29 所示。

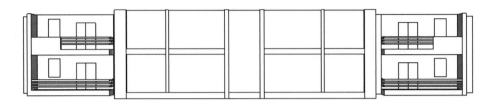

图 11-29 绘制门窗轮廓

使用【偏移】工具 ，偏移门窗轮廓，偏移距离为 50mm，使用【推 / 拉】工具 ，推拉距离为 50mm，如图 11-30 所示。

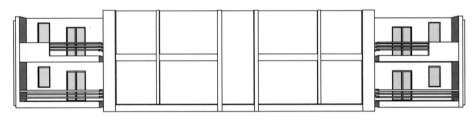

图 11-30 绘制门窗

使用【矩形】工具 ，绘制矩形，尺寸为 900mm、1260mm。使用【推 / 拉】工具 ，推拉一定距离，绘制出建筑构件，如图 11-31 所示。

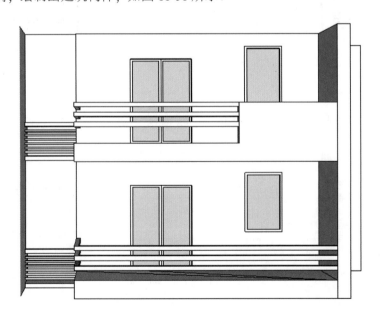

图 11-31 绘制建筑构件 1

使用【移动】工具，配合使用 <Ctrl> 键，移动复制线条，使用【推 / 拉】工具，推拉出一定厚度，如图 11-32 所示。

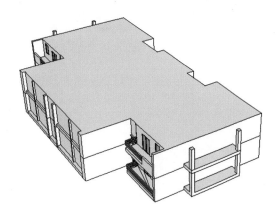

图 11-32 绘制建筑构件 2

使用【矩形】工具，绘制矩形小窗轮廓，尺寸为 900mm、1700mm。大窗尺寸为 2600mm、2400mm。使用【推 / 拉】工具，推拉出一定厚度，如图 11-33 所示。

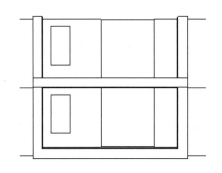

图 11-33 绘制建筑构件 3

使用【线条】工具，绘制线条；使用【移动】工具，配合使用 <Ctrl> 键，移动复制线条，距离为 220mm；使用【矩形】工具，绘制矩形，尺寸为 100mm、100mm。并创建为组，如图 11-34 所示。

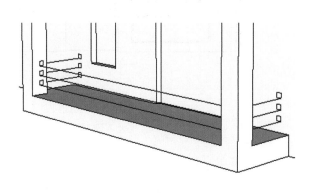

图 11-34 绘制建筑构件路径与截面

使用【跟随路径】工具 ，选择路径，
再选择矩形截面，如图 11-35 所示。

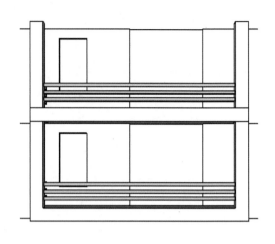

图 11-35 绘制建筑构件 4

双击进入组内部，使用【卷尺】工具 ，绘制辅助线；使用【矩形】工具 ，绘制
矩形窗户轮廓，尺寸为 5900mm、2000mm，如图 11-36 所示。

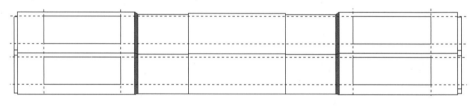

图 11-36 绘制矩形

使用【偏移】工具 ，偏移矩形距离为 200mm，如图 11-37 所示。

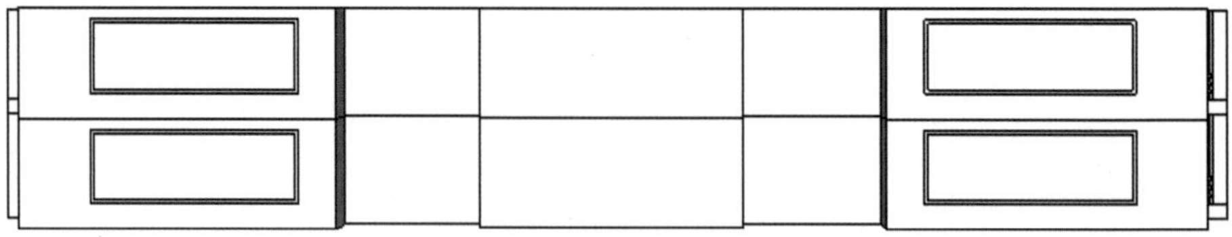

图 11-37 偏移矩形

使用【线条】工具 ，绘制线条；使用【推/拉】工具 ，推拉出一定厚度，如图
11-38 所示。

图 11-38 绘制窗户

选中直线，单击鼠标右键，在弹出的快捷菜单中单击【拆分】命令，拆分为 17 段，如图 11-39 所示。

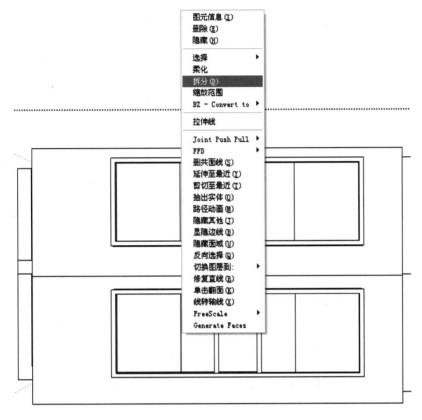

图 11-39 拆分直线

使用【线条】工具 ✐，绘制线条，如图 11-40 所示。

图 11-40 绘制线条

双击进入组内部，使用【卷尺】工具 🗞，绘制辅助线；使用【矩形】工具 ▣，绘制矩形窗户轮廓，尺寸为 6200mm、2600mm，如图 11-41 所示。

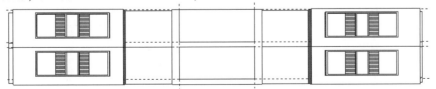

图 11-41 绘制矩形窗户轮廓

使用【移动】工具 ，配合使用 <Ctrl> 键，移动复制线条，如图 11-42 所示。

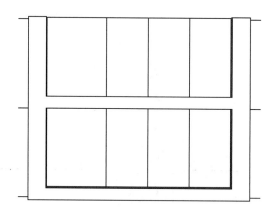

图 11-42 复制线条

选中直线，单击鼠标右键，单击右键快捷菜单中的【拆分】命令，将直线拆分为 17 段。
使用【线条】工具 ，绘制线条，如图 11-43 所示。

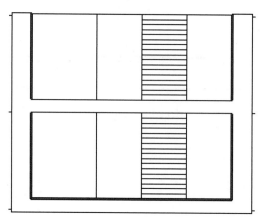

图 11-43 绘制线条

双击进入组内部，使用【移动】工具 ，配合使用 <Ctrl> 键，移动复制线条，复制距
离为 400mm，如图 11-44 所示。

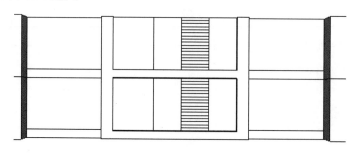

图 11-44 移动复制直线

使用【推 / 拉】工具 ，推拉距离为 5100mm，如图 11-45 所示。

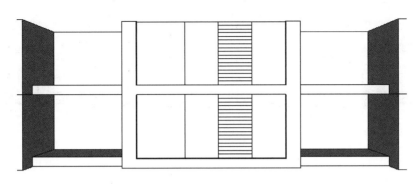

图 11-45 推拉矩形

使用【线条】工具 ，绘制线条；使用【推 / 拉】工具 ，推拉出一定厚度，绘制出建筑构件，如图 11-46 所示。

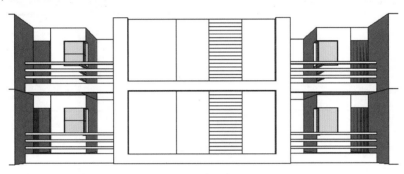

图 11-46 绘制建筑构件 5

使用【颜料桶】工具 ，弹出【材质】对话框，选择【半透明材质】中的【蓝色半透明玻璃】，赋予玻璃材质，选择颜色【c07】赋予建筑，如图 11-47 所示。

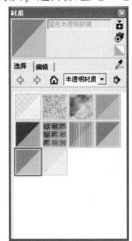 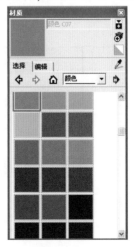

图 11-47 【材质】对话框

赋予材质模型，如图 11-48~ 图 11-51 所示。

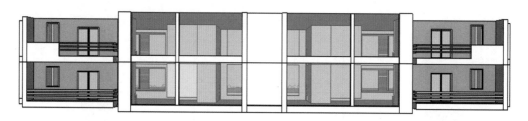

图 11-48 模型正面

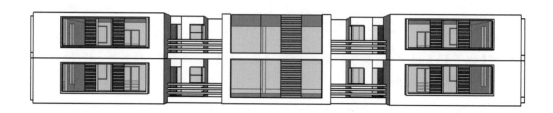

图 11-49 模型反面

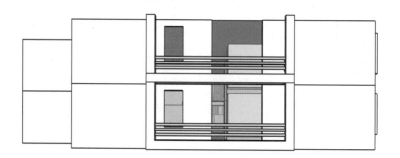

图 11-50 模型右侧面

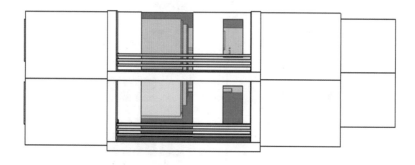

图 11-51 模型左侧面

使用【移动】工具 ，配合使用 <Ctrl> 键，移动复制图形，复制 7 份，如图 11-52 所示。

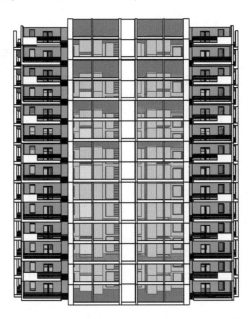

图 11-52 复制图形

使用【线条】工具 ，绘制线条；使用【推 / 拉】工具 ，推拉高度为 6400mm，绘制出建筑顶部构件，如图 11-53 所示。

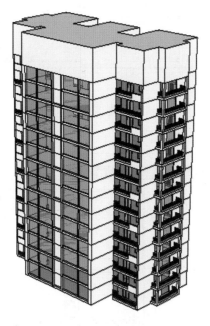

图 11-53 绘出建筑顶部构件

使用【线条】工具，绘制线条；使用【推／拉】工具，继续绘制出建筑顶部构件，如图 11-54~ 图 11-58 所示。

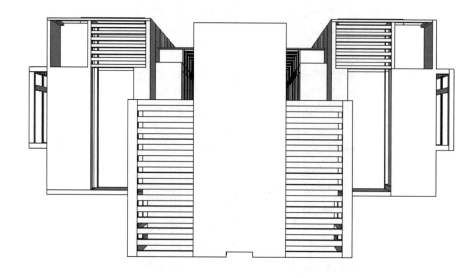

图 11-54 楼顶构件俯视图

图 11-55 楼顶构件前视图

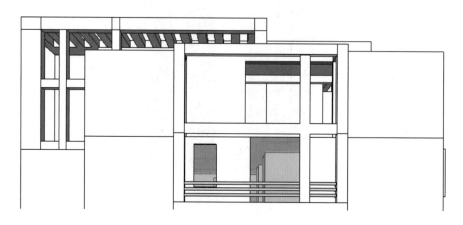

图 11-56 楼顶构件右视图

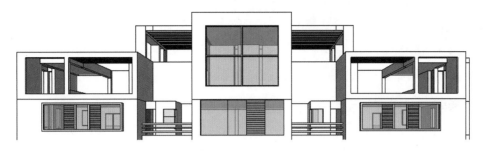

图 11-57　楼顶构件后视图

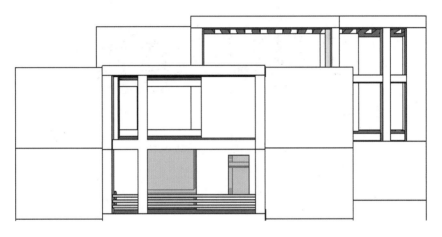

图 11-58　楼顶构件左视图

将楼体复制到商铺顶层位置，完成模型主体，如图 11-59 所示。

图 11-59　模型主体 1

求生秘籍 —— 专业知识精选

住宅套内使用面积等于住宅套内各功能空间使用面积之和；各功能空间使用面积等于各功能使用空间墙体内表面所围合的水平投影面积之和。

动手操练 —— 绘制道路

根据 CAD 图纸，绘制道路以及地面，使用【线条】工具 ✐，绘制线条；使用【圆弧】工具 ⌒，绘制圆弧；使用【矩形】工具 ▢，绘制人行横道及道路分隔条，如图 11-60 所示。

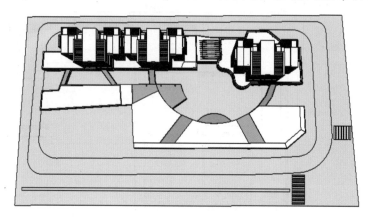

图 11-60 模型主体 2

使用【颜料桶】工具 ◈，弹出【材质】对话框，为道路添加材质，人行横道添加白色，分割线添加黄色，马路选用【沥青和混凝土】中的【新沥青】材质，如图 11-61 所示。

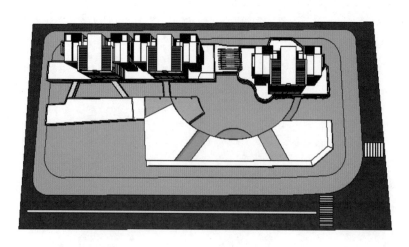

图 11-61 添加颜色 1

使用【颜料桶】工具 ◈，人行道路选择【沥青和混凝土】中的【多色混凝土铺路块】材质，如图 11-62 所示。

使用【颜料桶】工具 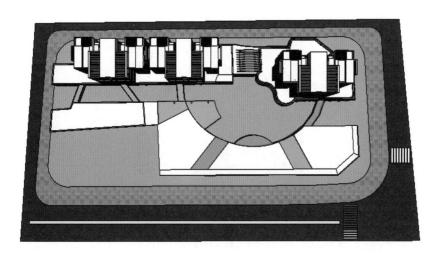，商业区内的地面选择【沥青和混凝土】中的【压模方石混凝土】
材质，如图 11-63 所示。

图 11-62　添加颜色 2

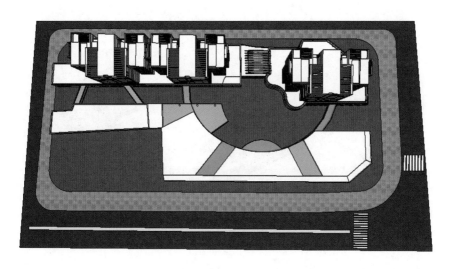

图 11-63　添加材质

求生秘籍 —— 专业知识精选

　　使用面积系数一般作为住宅建筑设计的一项技术经济指标，它等于总套内使用面积（平
方米）除以总建筑面积（平方米），再乘以百分之百，用百分数表示。

动手操练 —— 添加组件

　　单击【窗口】|【组件】命令，弹出【组件】对话框，为场景添加组件，如图 11-64 和
图 11-65 所示。

图 11-64 【组件】对话框

图 11-65 添加组件

求生秘籍 —— 专业知识精选

使用面积系数愈大，标志建筑的公共交通及结构面积越小，即建筑的使用面积越大，建筑的经济性越好。

动手操练 —— VRay 渲染设置

（1）玻璃材质的设置

在 SketchUp 的【材质】对话框中给它一个指定的贴图，然后设置贴图的大小和贴图的位置，并让材质的宽度符合常规的尺度和排布的方向。

用 SketchUp【材质】对话框的【提取材质】工具提取材质，V-Ray 材质面板会自动跳转到该材质的属性上，并选择该材质，然后单击鼠标右键，在弹出的快捷菜单中单击【创建材质层】|【反射】命令，如图 11-66 所示，并将【反射】值调整为 0.8，接着单击反射层后面的【m】按钮，并在弹出的对话框中选择【菲涅耳】选项，最后单击 OK 按钮 ，如图 11-67 所示。

图 11-66【反射】命令

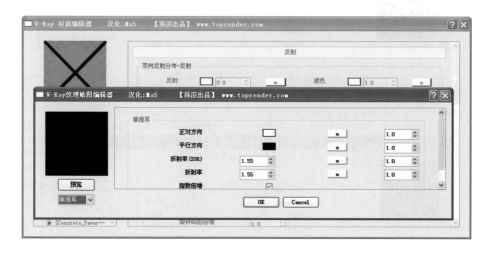

图 11-67 选择【菲涅耳】选项

（2）汽车金属材质的设置

用 SketchUp【材质】对话框的【提取材质】工具 ，提取材质，V-Ray 材质面板会自动跳到该材质的属性上，并选择该材质，然后单击鼠标右键，在弹出的快捷菜单中单击【创建材质层】|【反射】命令，汽车的烤漆材质有一定的模糊反射的效果，所以要把【高光】的【光泽度】调整为 0.8，【反射】的【光泽度】调整为 0.85，接着单击反射层后面的【m】按钮，并在弹出的对话框中选择【菲涅耳】的选项，将【折射率（IOR）】调整为 6，最后单击 OK 按钮 ，如图 11-68 所示。

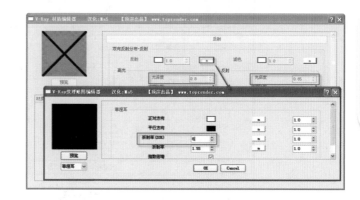

图 11-68 设置参数

打开 V-Ray 渲染设置面板，设置环境，如图 11-69 所示。

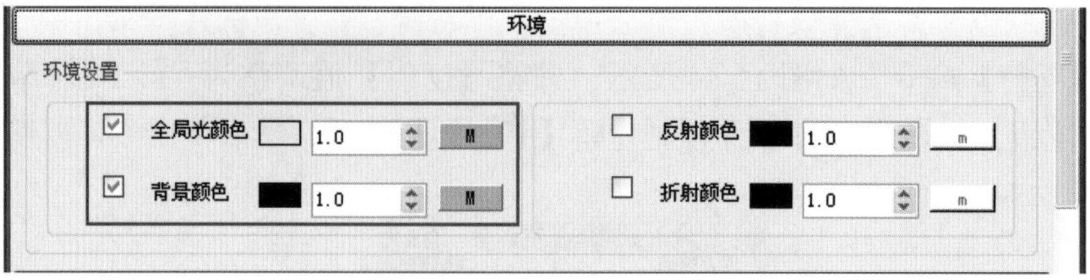

图 11-69 设置环境

设置全局光颜色，如图 11-70 所示。

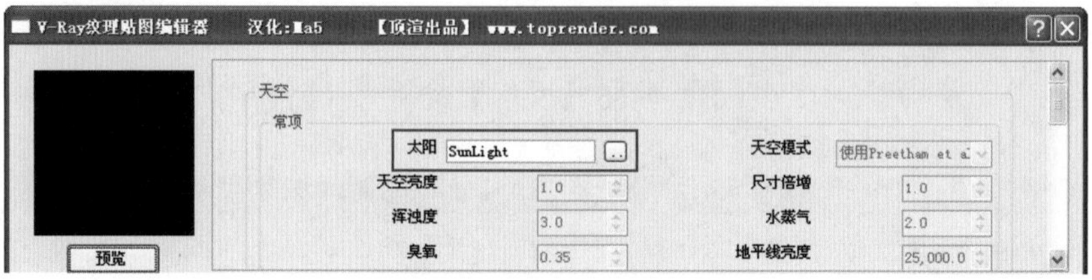

图 11-70 设置全局光颜色

设置背景颜色，如图 11-71 所示。

图 11-71 设置背景颜色

将采样器类型设置为【自适应纯蒙特卡罗】，并将【最多细分】设置为 16，提高细节区域的采样，然后在【抗锯齿过滤器】选项组中，选中【Catmull Rom】复选框，如图 11-72 所示。

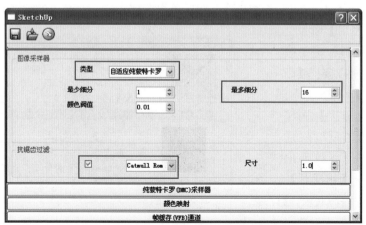

图 11-72 设置类型参数

进一步增大【纯蒙特卡罗采样器】的参数，【最少采样】设置为 12，如图 11-73 所示。

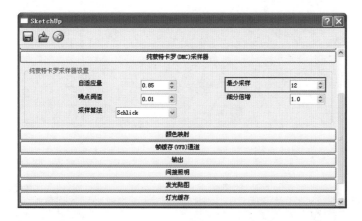

图 11-73 设置【纯蒙特卡罗采样器】参数

修改【发光贴图】选项卡中的数值，将其【最小比率】设置为 − 3，【最大比率】设置为 0，如图 11-74 所示。

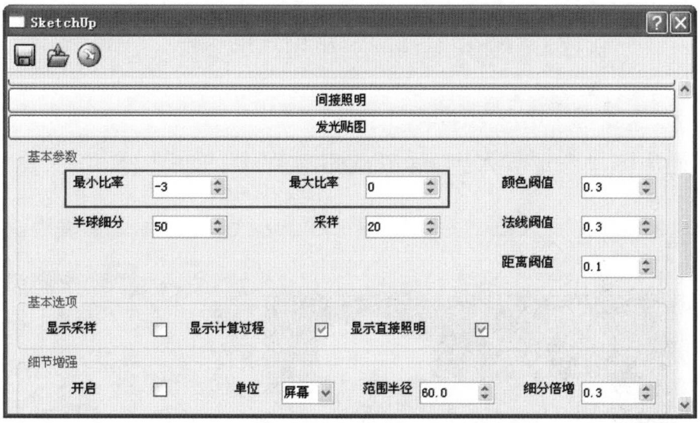

图 11-74 设置【发光贴图】参数

在【灯光缓存】选项卡中设置【细分】为 1000，如图 11-75 所示。

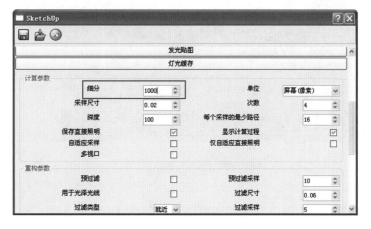

图 11-75 设置【灯光缓存】参数

设置完成后就可以渲染了。效果如图 11-76 所示。

图 11-76 渲染效果

动手操练——图像的 Photoshop 后期处理

将渲染图和通道渲染图形导入到 Photoshop 软件中，如图 11-77 所示。

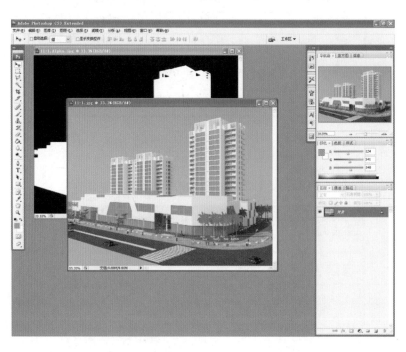

图 11-77 导入图形

将通道层添加到渲染图中，选择通道图形，使用【魔棒】工具 ，选择黑色部分，然后选择渲染图，将背景删除，如图 11-78 所示。

图 11-78　删除背景

添加天空背景及道路旁地面，如图 11-79 所示。

图 11-79　添加背景

单击【滤镜】｜【渲染】｜【光照】命令，对图像进行光照效果处理，如图 11-80 所示。

选中背景天空，单击【滤镜】｜【渲染】｜【镜头光晕】命令，对图像进行镜头光晕效果处理，如图 11-81 所示。

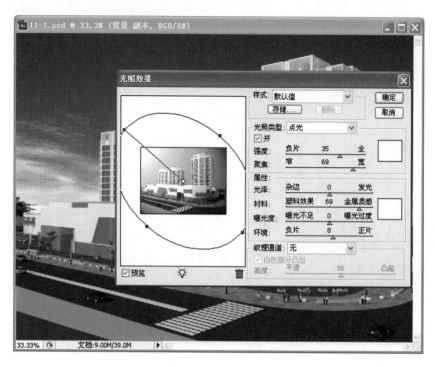

图 11-80 设置【光照效果】参数

图 11-81 设置【镜头光晕】参数

完成图像处理后，将图像另存为 JPG 格式，如图 11-82 所示。

图 11-82 完成效果

求生秘籍 —— 专业知识精选

住宅建筑单元长度除以单元内服务的户数，所得值称为平均每套面宽。平均每套面宽是住宅建筑技术经济指标内容之一。在建筑面积一定的情况下，平均每套面宽愈小，其栋深就愈大。栋深加大对节约建筑用地和建筑节能都很有利。为了减少建筑面宽，一般在住宅建筑设计中可采取三进深、四进深平面布置，使栋深加大。还有的住宅设计采取内天井、内楼梯等形式加大建筑栋深，减少建筑面宽。采用平均每套面宽这一指标进行住宅设计方案评价时，相比较的方案应具有基本相同的套型和建筑面积，这样才能具有可比性，否则不具有可比性。

11.3　本章小结

通过本章的学习，用户可以了解到在创建模型时，提前的准备工作一定要做好。在创建大型模型时，从基础的模型开始创建，合理使用组与组件会使所创建的模型更容易更改。

第11章

第 12 章
建筑效果设计实战应用（二）

本章导读

本章以一个高层办公楼为例，重点讲解在建筑方案设计中 SketchUp 的辅助分析以及建模的详细流程。本案例在设计初期就应用 SketchUp 对建筑方案的形体进行了分析，这种方法比传统手法更为简洁明了，在建筑方案创作中常常用到，也是 SketchUp 辅助建筑方案设计的一大优势。本章简单介绍了 CAD 图纸的分析与整理，以及 SketchUp 的场景优化设置，这些步骤是非常必要的，创建任何模型前都要做好前期的准备工作；本章案例涉及大量异形玻璃体块，多次运用了【移动】、【推拉】等命令；另外，在创建玻璃分隔构件时，书中巧妙运用了【隐藏面域】和【线转圆柱】这两个插件命令，使得玻璃边线构件的创建过程更加便捷，这些内容希望用户能够耐心阅读，体会到运用 SketchUp 创建复杂模型的乐趣所在。

案例流程概述：

首先创建场地和建筑体块，然后将建筑体块拼合至场景中并营造场景环境，最后从 SketchUp 中直接导出图像并使用 Photoshop 进行后期处理。

	学习目标 知识点	了解	理解	应用	实践
学习要求	掌握运用 SketchUp 进行方案构思分析的方法	√	√	√	√
	掌握在 SketchUp 中渲染出图的技巧	√	√	√	√
	了解使用 Potoshop 进行图像处理手法	√	√	√	√

12.1 实战分析与设计图预览

知识链接： 了解高层办公建筑的特征

国外高层办公建筑始于 19 世纪，法国首先广泛采用钢筋混凝土，为建筑结构方式和建筑造型提供了新的可能性；美国的高层办公建筑建设潮流最早、数量最大、层数也最多，其中芝加哥就被人们称为"高层建筑的故乡"。我国的高层办公建筑在 20 世纪的 20 ～ 30 年代初已有初步发展，首先在上海、天津、武汉等的租界地出现，如上海汇丰银行等。近年来，国内的高层办公建筑犹如雨后春笋般拔地而起，并且有越来越多的高层办公建筑聚集在城市的中心地区，占据着城市的重要位置，塑造着新的城市景观。

对于城市而言，高层办公建筑已经超越了简单的公共办公场所这一单纯的功能意义，其标新立异的设计理念、引入注目的建筑外观以及不断推陈出新的建筑结构和材料已经成为传达精神和意识的媒介，成为体现时代精神与价值的城市地标。

随着办公模式的改变和时代的发展，当代高层办公建筑发生了新的变化建筑的外部造型更加关注特色塑造，融入本土文化或彰显企业形象。人们更加关注建筑内部空间的人性化设计和环境的营造，空间布置也相对更加灵活。再者，建筑材料的使用更加注重生态与节能技术，以降低运营成本和环境污染，如上海世贸大厦、台北 101 大厦、康德那斯大厦和德国商业银行的内部休闲空间，都比较注重建筑本身的特质表现、传统文化符号的运用、企业文化的表达以及与环境良好的"对话"，如图 12-1 所示。

图 12-1 高层办公建筑实景

知识链接： 运用 SketchUp 分析确定建筑型体组合

建筑具有广泛的综合型和社会性，对周边环境和人们的心理影响都是客观存在、不容忽视的。设计师在方案构思阶段首先就应该对建筑的体量和型体组合进行认真考虑，只有确定了大的空间组合关系，才能继续完善和深化方案，设计出尊重周边环境、具有人文关怀的优秀作品。

在本方案中，周边地块均已审批或已建成，为了与周边建筑及环境取得良好的呼应关系，这里利用 SketchUp 搭建了几种不同组合形式的建筑体块模型，直观便捷地分析比较它们所带来的功能上的或心理上的影响，最终确定最适合本地块的建筑外部空间型体。

（1）西低东高方案分析

西低东高方案的效果如图 12-2 所示，通过分析发现，这种组合方式具有以下缺陷。

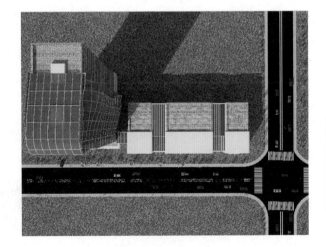

图 12-2 模型效果 1

①主体高楼设计高度约 63m，如果过于临近道路交叉口，将不利于街道交叉口开放空间的形成，对车辆行驶以及人流视线均造成较强的压迫感。

②配楼部分为接待用房，临近城市支路，远离干道，不利于其社会化经营的需要。

③容易对北侧的建筑造成日照遮挡，自身的采光与通风条件也欠佳。

④由于本地块的控制高度与相邻的主干道两侧地块的高度相近，如果主体高楼也临近主干道布置，那么城市空间将平淡无趣、缺乏变化。而且由于建筑面积有限，大楼将以相对较小的体量"淹没"在相同高度的建筑群当中，其形象性将大受影响。

由以上分析可知，不宜采取这种组合方式。相反，采取【西高东低】的组合方式，可能会更有利于街道开敞空间的营造和建筑本身形象的凸显。

（2）方塔方案分析

确定了采取【西高东低】的组合方式之后，再来分析主体高层办公楼宜采用何种形式。

首先分析方塔塔楼的形式，如图 12-3 所示，从图中可以看出采用方塔的形式会带来以下缺陷。

①由于场地呈狭长条状，采用塔楼将很难和用地契合，要求设置的南北朝向的室外场地将非常局促，不利于场地的组织，而且对北侧用地有较大的日照影响。

②将出现大量的东西朝向房间，不利于办公的正常采光、南北通风及建筑节能。

③标准层面积较小，如果存在核心筒及环廊的话，会导致交通面积相对比率较小、使用率不高。而且核心筒的存在不利于展厅、交易大厅、会议厅等大空间的功能组织，再加上核心筒没有自然采光及通风，必须加压送风及人工采光，将增加建筑管理的运营成本。

图 12-3 模型效果 2

（3）异形塔方案分析

异形塔楼方案解决了建筑体型纤细、尺度不佳的问题，减弱了东西朝向的影响，但是朝向不佳的缺陷依旧突出，如图 12-4 所示。

（4）端头大进深的板式高层方案分析

板式高层组合形式如图 12-5 和图 12-6 所示，通过分析可以得到以下结论。

图 12-4 模型效果 3

图 12-5 模型效果 4

图 12-6 模型效果 5

①板式高层与条状用地较为契合，有利于场地组织，将主楼置于用地东侧，避免了与北侧高层建筑间的间距过小，改善了各自的通风采光条件。

②平面规整，楼层面积的使用效率高，有利于办公空间的灵活分隔。垂直交通位于大楼内廊的北侧，利于展示交易大厅、会议厅等大空间的功能布置。

③使用单元均为南北朝向，有利于南北通风及自然采光，有益于使用人群的身心健康，具有良好的节能效应，避免了东西朝向办公空间的日照眩光现象，适合行政办公和科研办公。

④东部端头利用交通空间加大进深，保证东侧宽度在 18m 左右，以化解板楼侧墙的单薄感，在保证东侧立面体量感的同时，形成良好的建筑尺度，以此营造街道交叉口完整的建筑景观。

⑤主楼虽位于东侧，但由于建筑地处道路交叉口附近，且主干道红线宽 60m，从两条道路来往的车流视线和人流视线分析，其南侧主立面形态完整，不受周围建筑的遮挡，能给人以完整的建筑展示面。而且主楼远离道路交叉口布置，有利于打破临街高层建筑巨大体量对人形成的压迫感，易形成宜人的空间尺度。

知识链接： 建筑设计立意与造型

本次方案设计注重的是发现问题和解决问题，力图探讨高层办公建筑所具有的适度、高效和经济的建造本质，以城市空间的良好把握和建筑功能组织的合理性为基础，同时考虑建造成本的经济性，力求以合理的经济成本体现出稳健、典雅而不失建筑个性的现代城市办公建筑气质。本方案在建筑立意与造型上力图表达以下几点。

①必须和城市整体空间、地块周边环境取得协调关系。这一点主要依靠建筑空间布局和简洁、明快的型体得以保证。

②必须表达其独有的建筑气质，让建筑物通过自身的建筑立意与造型处理向人们"讲故事"，表达出鲜明的行业特征。由于本项目是矿产科研信息中心，因此引入了"曲线玻璃幕墙"的概念，利用建筑物大体块和玻璃曲面关系加以抽象化，明确地表达出"现代化高层建筑"的建筑立意。现代化高层建筑的玻璃幕墙采用了由镜面玻璃与普通玻璃组合，隔层充入干燥空气或惰性气体的中空玻璃。幕墙中空玻璃有两层和三层之分，两层中空玻璃由两层玻璃加密封框架，形成一个夹层空间；三层玻璃则是由三层玻璃构成两个夹层空间。中空玻璃具有隔音、隔热、防结霜、防潮、抗风压强度大等优点。据测量，当室外温度为 $-10°C$ 时，单层玻璃窗前的温度为 $-2°C$，而使用三层中空玻璃的室内温度为 $13°C$。而在炎热的夏天，双层中空玻璃可以挡住 90% 的太阳辐射热。阳光依然可以透过玻璃幕墙，但晒在身上大多不会感到炎热。使用中空玻璃幕墙的房间冬暖夏凉，极大地改善了生活环境。

③必须以简洁明快的现代建筑处理手法表达出鲜明的时代特征和科研办公建筑的科技化特征。

知识链接： 总平面布局及交通流线分析

总平面图布局，建筑楼梯距离路面距离为 10m。交通流线在于十字交叉路口，路口两旁有绿植与路灯，如图 12-7 所示。

图 12-7 交通流线

知识链接： 建筑节能及生态设计

本案例所在城市气候夏季酷热，且持续时间较长，建筑最重要的节能手段为良好的通风、采光及遮阳处理。本案建筑设计主体为南北朝向，具有良好的通风条件及采光效果。建筑平面较为规整，控制体形系数（$S<0.3$）。在满足合理窗地比的情况下，合理控制建筑外立面窗墙比，外窗均采用双层中空玻璃及断热铝合金窗框，降低传热系数（$K<0.3$）。建筑外立面幕墙均采用高性能热发射幕墙玻璃，降低传热系数（$K<0.3$）。

太阳能热水及光伏电工程设计方面，在建筑主楼顶层屋面设计太阳能光伏电板及集热水箱，供办公热水和太阳能浴室（浴室位于建筑第 14 层）用水及部分公共交通空间的照明用电。

太阳能拔风工程设计方面，利用高低热压差在建筑内形成负压，以此加强室内外空气流通，利用自然通风带走室内热量。在本案例建筑东侧立面由侧面墙体及外围切面体装饰玻璃幕墙围合形成拔风井道，与各楼层工休平台和水平交通内廊相通，井道底与地下室排风口相通，井道直通屋面的拔风口，拔风口顶盖设太阳能集热板，利用太阳能辅热将有效提高拔风效果，改善办公环境。

12.2 设计绘制过程

视频教程——光盘主界面 / 第 12 章

动手操练——导入 SketchUp 前的准备工作

单击【文件】|【导入】命令，导入文件名为"12-1.dwg"的文件，如图 12-8 所示，导入的 CAD 图纸如图 12-9 所示。

图 12-8 导入文件

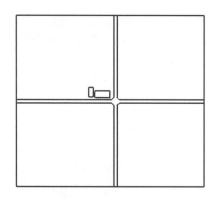

图 12-9 导入的 CAD 图纸

求生秘籍 —— 专业知识精选

Q 提问：住宅套型的分类？

A 回答：套型是按不同使用面积、居住空间组成的成套住宅类型。住宅应按套型设计，每套住宅应设卧室、起居室（厅）、厨房和卫生间等基本空间。普通住宅套型分为一至四类，其居住空间个数和使用面积不宜小于以下的规定：一类住宅，居住空间 2 个，使用面积 34m²；二类住宅，居住空间 3 个，使用面积 45 m²；三类住宅，居住空间 3 个，使用面积 56 m²；四类住宅，居住空间 4 个，使用面积 68 m²。上述使用面积均未包括阳台面积。

动手操练 —— 参照图纸位置创建场地模型绘制配楼部分

首先创建配楼模型，使用【矩形】工具 ▣，绘制矩形，长宽距离为 13530mm、28400mm，如图 12-10 所示。

使用【推 / 拉】工具 ▲，推拉矩形，高度为 15810mm，并创建为组，如图 12-11 所示。

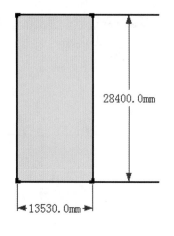

图 12-10 绘制矩形

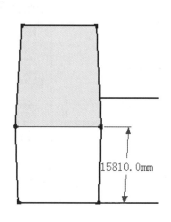

图 12-11 推拉矩形

使用【移动】工具 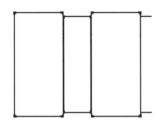，配合使用 <Ctrl> 键移动复制矩形，两个矩形之间的距离为 8110mm，如图 12-12 所示。

双击进入复制的第二个矩形内部，使用【推／拉】工具 ，推拉矩形距离为 13926mm，并把第一个矩形复制到另一端，如图 12-13 所示。

图 12-12 移动复制矩形

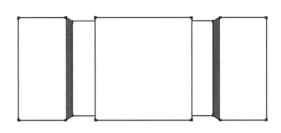

图 12-13 移动复制矩形

使用【偏移】工具 ，偏移距离为 1000mm；使用【推／拉】工具 ，向下推拉矩形，顶面距离为 900mm，如图 12-14 所示。

为矩形做倒圆角处理，双击进入组内部，使用【倒圆角】工具 ，选择矩形底边和矩形顶面内边线以外的边线，将【Bevel offset】中的【Distance】设置为 600mm，如图 12-15 所示。

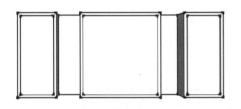

图 12-14 偏移推拉矩形

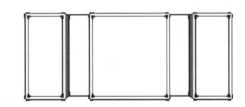

图 12-15 倒圆角处理

绘制建筑外轮廓，使用【矩形】工具 ，绘制矩形，长宽距离为 400mm、12160mm。使用【推／拉】工具 ，推拉出厚度，并创建为组，如图 12-16 所示。

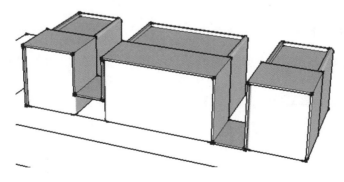

图 12-16 绘制建筑外轮廓

双击进入组内部绘制窗户，使用【矩形】工具 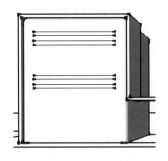，绘制矩形窗户轮廓，距离尺寸为 10485mm、495mm，如图 12-17 所示。

图 12-17 绘制窗户

用同样方法，使用【矩形】工具 ，绘制矩形窗户轮廓，如图 12-18 所示。

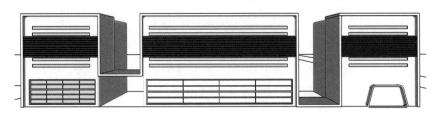

图 12-18 绘制矩形窗户轮廓

使用【推 / 拉】工具 ，推拉出窗户厚度，如图 12-19 所示。

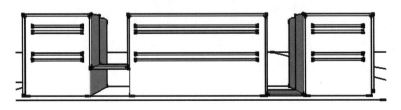

图 12-19 推拉矩形窗户

使用【线条】工具 、【圆弧】工具 和【推 / 拉】工具 ，绘制出配楼大厅出口部分，如图 12-20 所示。

使用【矩形】工具 和【推 / 拉】工具 ，配合使用右键快捷菜单中的【拆分】命令，绘制出正面、右侧面窗框，如图 12-21 所示。

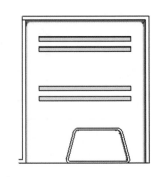

图 12-20 绘制配楼大厅出入口部分

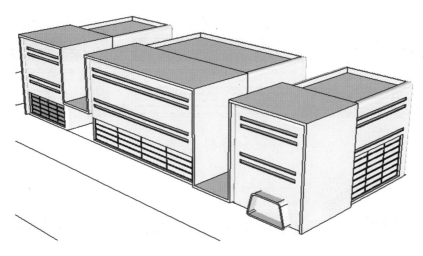

图 12-21 绘制正面、右侧面窗框

使用【矩形】工具█，绘制矩形，绘制建筑构件，并创建为组，如图 12-22 所示。

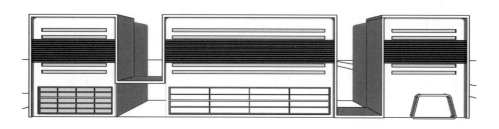

图 12-22 绘制建筑构件

使用【矩形】工具█，绘制矩形；使用【推／拉】工具█，绘制台阶部分，并创建为组，如图 12-23 所示。

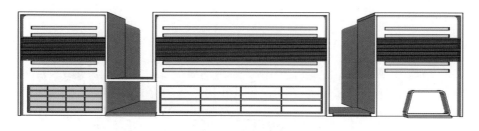

图 12-23 绘制台阶

使用【矩形】工具█，绘制矩形；使用【推／拉】工具█，绘制出二层窗户位置，高度为 5500mm，并创建为组，如图 12-24 所示。

使用【圆弧】工具█，绘制圆弧；使用【矩形】工具█，绘制矩形；使用【推／拉】工具█，绘制出一层门，并创建为组，如图 12-25 所示。

第 12 章

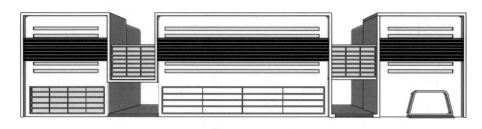

图 12-24 绘制二层窗户

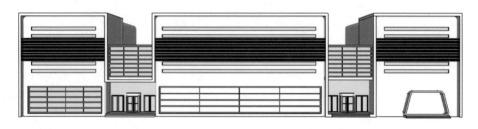

图 12-25 绘制一层门

使用【卷尺】工具，绘制辅助线；使用【矩形】工具，绘制矩形；使用【推 / 拉】工具，绘制出三层门窗出入口，并创建为组，如图 12-26 所示。

将绘制的三层门窗出入口，复制到其余通道处，如图 12-27 所示。

使用【矩形】工具，绘制矩形；使用【推 / 拉】工具，绘制护栏部分，并创建为组，如图 12-28 所示。

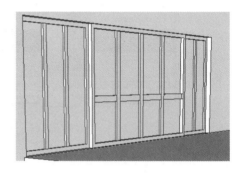

图 12-26 绘制三层门窗出入口

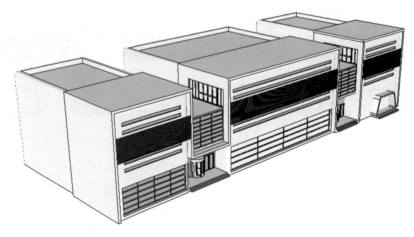

图 12-27 复制三层门窗出入口

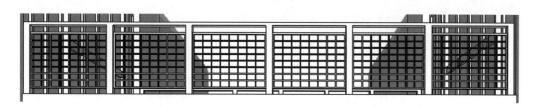

图 12-28 绘制三层护栏

将护栏复制到门的两端，如图 12-29 所示。

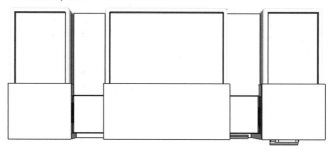

图 12-29 复制三层护栏

为建筑外轮廓做倒圆角处理，双击进入组内部，使用【倒圆角】工具，选择边线，将【Bevel offset】中的【Distance】设置为 600mm，如图 12-30 所示。

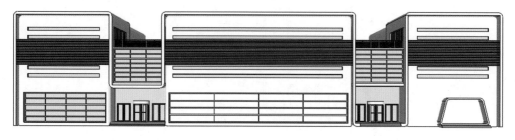

图 12-30 复制三层护栏

使用【矩形】工具，绘制矩形；使用【推／拉】工具，绘制楼顶及后边部分，并创建为组，如图 12-31 和图 12-32 所示。

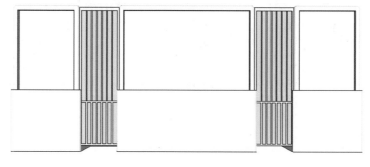

图 12-31 绘制三层楼顶部分

图 12-32 绘制三层后边部分

使用【矩形】工具 , 绘制矩形; 使用【推 / 拉】工具 ![], 绘制一层自动门和楼体左侧侧边构件, 如图 12-33 和图 12-34 所示。

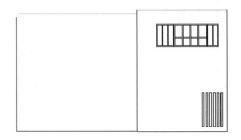

图 12-33 绘制楼体左侧构件

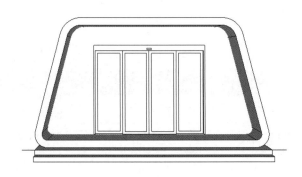

图 12-34 绘制正门自动门

使用【圆】工具 , 绘制圆形, 绘制楼顶装饰, 如图 12-35 所示。

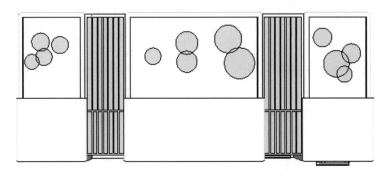

图 12-35 绘制圆形和楼顶装饰

完成配楼绘制，如图 12-36 所示。

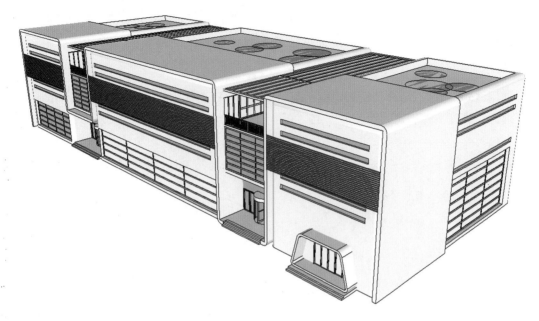

图 12-36 完成配楼绘制

求生秘籍 —— 专业知识精选

套内空间应符合的要求如下：

（1）卧室与起居室。①卧室之间不应穿越，卧室应有直接采光、自然通风，其使用面积不应小于下列规定，双人卧室为 10m²；单人卧室为 6m²；兼起居的卧室为 12m²。②起居室（厅）应有直接采光、自然通风，其使用面积不应小于 12m²。③起居室（厅）内的门洞布置应综合考虑使用功能要求，减少直接开向起居室（厅）的门的数量。起居室（厅）内布置家具的墙面直线长度应大于 3m。④无直接采光的厅，其使用面积不应大于 10m²。

（2）厨房。①厨房的使用面积不应小于下列规定：一类和二类住宅为 4m²；三类和四类住宅为 5m²。②厨房应有直接采光、自然通风，并宜布置在套内近入口处。③厨房应设置洗涤池、案台、炉灶及排油烟机等设施或预留位置，按炊事操作流程排列，操作面净长不应小于 2.10m。④单排布置设备的厨房净宽不应小于 1.50m；双排布置设备的厨房其两排设备的净距不应小于 0.90m。

（3）卫生间。①每套住宅应设卫生间，第四类住宅宜设 2 个或 2 个以上卫生间。每套住宅至少应配置 3 件卫生洁具，不同洁具组合的卫生间使用面积不应小于下列规定：设便器、洗浴器（浴缸或喷淋）、洗面器 3 件卫生洁具的为 3m²；设便器、洗浴器两件卫生洁具的为 2.50m²；设便器、洗面器两件卫生洁具的为 2m²；单设便器的为 1.10m²。②无前室的卫生间的门不应直接开向起居室（厅）或厨房。③卫生间不应直接布置在下层住户的卧室、起居室（厅）和厨房的上层，可布置在本套内的卧室、起居室（厅）和厨房上层；并均应有防水、隔声和便于检修的措施。④套内应设置洗衣机的位置。

第 12 章

动手操练——参照图纸位置创建场地模型绘制主楼部分

根据导入的 CAD 图，使用【矩形】工具 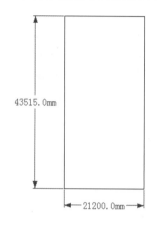，绘制矩形长宽距离为 21200mm、43515mm；使用【推／拉】工具，推拉高度为 450mm，绘制地面，并创建为组，如图 12-37 所示。

使用【矩形】工具，绘制矩形；使用【推／拉】工具，推拉高度为 15810mm，绘制三层建筑高度，并创建为组，如图 12-38 所示。

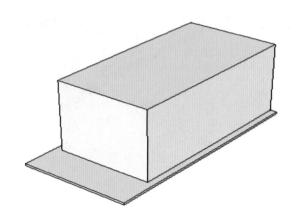

图 12-37 绘制地面　　　　　　　图 12-38 绘制三层建筑高度

使用【圆弧】工具，绘制圆弧；使用【矩形】工具，绘制矩形；使用【推／拉】工具，绘制出正门，并创建为组，如图 12-39 所示。

使用【颜料桶】工具，弹出【材质】对话框,选择【半透明材质】中的【彩色半透明玻璃】,切换到【编辑】选项卡调节颜色，如图 12-40 所示。

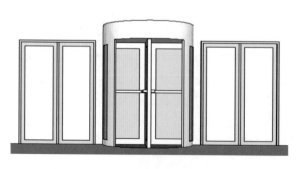

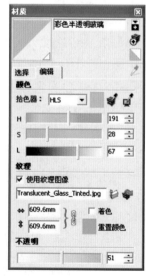

图 12-39 绘制正门　　　　　　　图 12-40 【材质】对话框

将设置好的材质赋予模型，如图 12-41 所示。

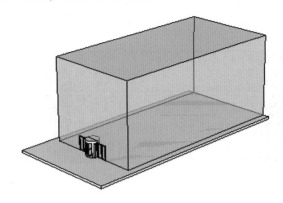

图 12-41 赋予模型材质

使用【矩形】工具 ■，绘制矩形；使用【推 / 拉】工具 ，绘制出钢铁框架，如图 12-42 所示。

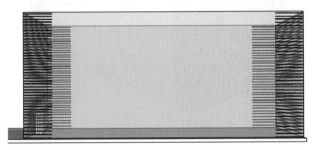

图 12-42 绘制钢铁框架

在长方体的顶层，使用【矩形】工具 ■，绘制矩形；使用【推 / 拉】工具 ，推拉高度为 81550mm，并创建为组，如图 12-43 所示。

双击进入地面矩形内部，使用【线条】工具 ，绘制长为 36055.0mm 的线条；使用【推 / 拉】工具 ，调整矩形形状，如图 12-44 所示。

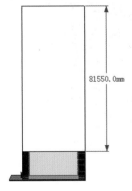

图 12-43 绘制长方体

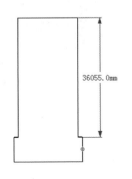

图 12-44 调整矩形形状

使用【矩形】工具 ，绘制矩形，尺寸距离为 1360mm、450mm。使用【推 / 拉】工具 ，绘制建筑构件，并创建为组，如图 12-45 和图 12-46 所示。

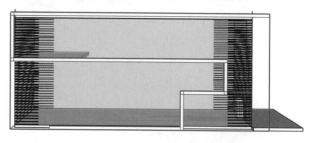

图 12-45 绘制左侧建筑构件

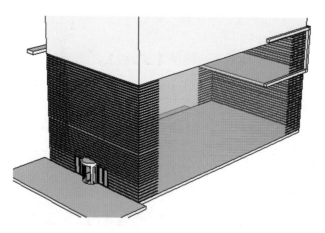

图 12-46 绘制右侧建筑构件

使用【卷尺】工具 ，绘制辅助线；使用【矩形】工具 ，绘制矩形；使用【线条】工具 ，绘制线条；使用【推 / 拉】工具 ，推拉出一定厚度，绘制正面建筑构件，并创建为组，如图 12-47 所示。

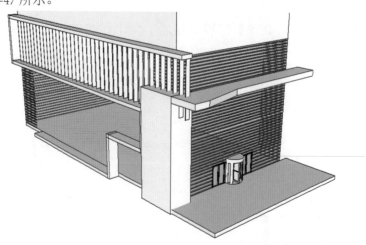

图 12-47 绘制正面建筑构件

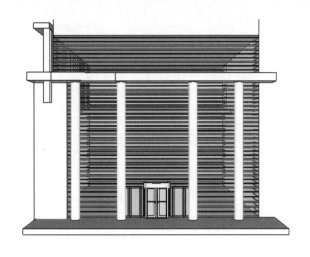

图 12-48　绘制圆柱

使用【圆】工具，绘制圆形，直径为 800mm，使用【推拉】工具，推拉出一定厚度，绘制圆柱，并创建为组，如图 12-48 所示。

使用【矩形】工具，绘制矩形；使用【线条】工具，绘制线条；使用【推 / 拉】工具，推拉出一定厚度，绘制正门雨挡，并创建为组，如图 12-49 所示。

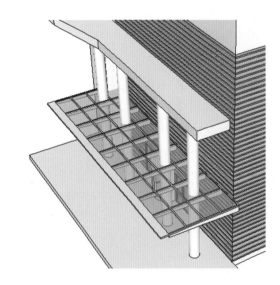

图 12-49　绘制正门雨挡

使用【线条】工具，绘制直线。选中直线，单击【插件】|【三维体量】|【线转圆柱】命令，设置【截面直径】为 30mm，设置【截面段数】为 30，绘制出雨挡上的钢绳，如图 12-50 所示。

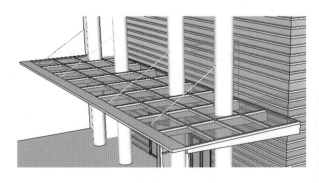

图 12-50　绘制雨挡上的钢绳

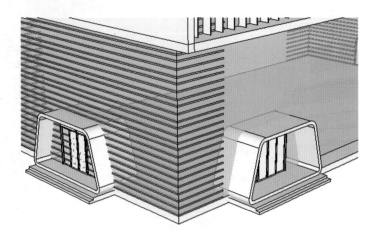

使用【圆弧】工具 ，绘制圆弧；使用【矩形】工具 ，绘制矩形；使用【推/拉】工具 ，推拉出一定厚度，绘制出左侧门和后面出入门及台阶，并创建为组，如图 12-51 所示。

图 12-51 绘制左侧门和后面出入门及台阶

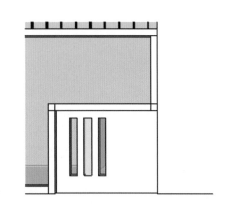

使用【矩形】工具 ，绘制矩形；使用【推/拉】工具 ，推拉出一定厚度，绘制出方柱边上的建筑构件，并创建为组，如图 12-52 所示。

图 12-52 绘制方柱边上的建筑构件

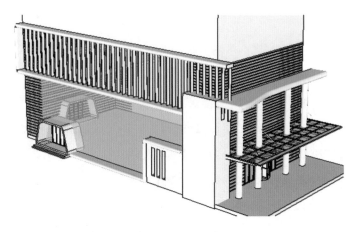

为建筑构件做倒圆角处理，双击进入组内部，使用【倒圆角】工具 ，选择边线，将【Bevel offset】中的【Distance】设置为 200mm，如图 12-53 所示。

图 12-53 倒圆角

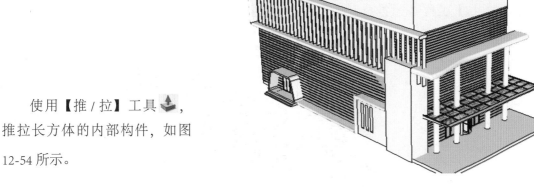

使用【推 / 拉】工具 ，推拉长方体的内部构件，如图 12-54 所示。

图 12-54 推拉图形

使用【卷尺】工具 ，绘制辅助线；使用【矩形】工具 ，绘制矩形；使用【推 / 拉】工具 ，推拉出一定厚度，绘制出建筑主体的窗户，如图 12-55 所示。

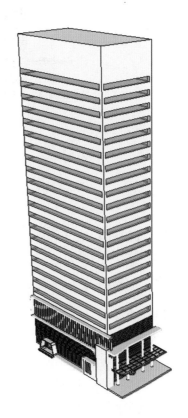

图 12-55 绘制建筑主体的窗户

使用【矩形】工具，绘制矩形；使用【圆】工具，绘制圆形，直径为 800mm；使用【推 / 拉】工具，推拉出一定厚度，绘制建筑底层内部的柱子，并创建为组，如图 12-56 和图 12-57 所示。

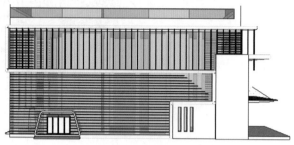

图 12-56 绘制建筑底层内部的柱子 1

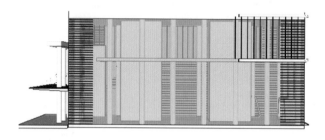

图 12-57 绘制建筑底层内部的柱子 2

使用【偏移】工具，偏移矩形距离为 800mm；使用【圆】工具，绘制圆形；使用【推 / 拉】工具，推拉距离为 1200mm，绘制楼顶构件，如图 12-58 所示。

单击【插件】|【线面工具】|【贝兹曲线】命令，绘制曲线；使用【圆弧】工具，绘制圆弧；使用【根据等高线创建】工具，绘制玻璃幕墙，如图 12-59 所示。

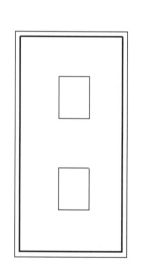

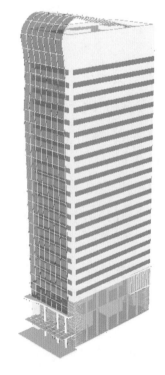

图 12-58 绘制楼顶构件　　图 12-59 绘制玻璃幕墙

单击【插件】|【线面工具】|【贝兹曲线】命令，绘制曲线。使用【圆弧】工具，绘制圆弧，绘制出轮廓；使用生成网格【skin】工具，绘制两侧玻璃幕墙，如图 12-60 所示。

使用【曲面拉伸】工具，调整玻璃幕墙，如图 12-61 所示。

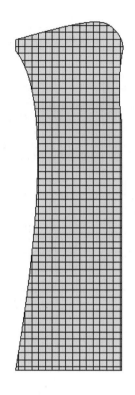

图 12-60　绘制两侧玻璃幕墙

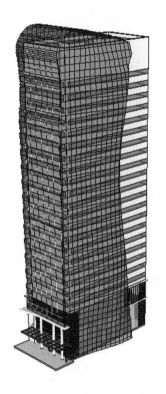

图 12-61　调整玻璃幕墙

使用【矩形】工具，绘制矩形；使用【圆】工具，绘制圆形；使用【推/拉】工具，推拉出一定厚度，绘制幕墙龙骨，并创建为组，如图 12-62 所示。

使用【矩形】工具，绘制矩形；使用【推/拉】工具，推拉出一定厚度，绘制出配楼与主楼的通道，并创建为组，如图 12-63 所示。

求生秘籍 —— 专业知识精选

建筑平面图表示建筑物水平方向房屋各部分内容及其组合关系的图纸为建筑平面图。由于建筑平面图能突出地表达建筑的组成和功能关系等方面的内容，因此一般建筑设计都先从平面设计入手。在平面设计中还应从建筑整体出发，考虑建筑空间组合的效果，照顾建筑剖面和立面的效果和体型关系。在设计的各阶段中，都应有建筑平面图纸，但其表达的深度不尽相同。

第 12 章

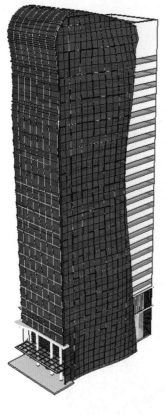

图 12-62 绘制幕墙龙骨

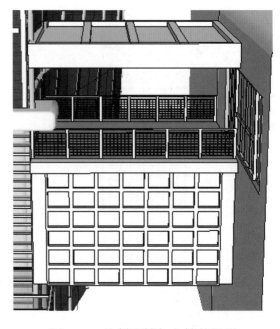

图 12-63 绘制配楼与主楼的通道

动手操练 —— 绘制地形图

使用【线条】工具 ✐ ，绘制线条；使用【圆弧】工具 ⌒ ，绘制机动车道路，并创建为组，如图 12-64 所示。

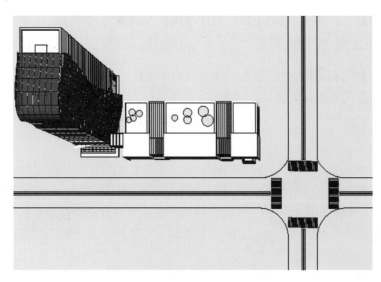

图 12-64 绘制机动车道路

使用【线条】工具　，绘制线条；使用【圆弧】工具　，创建绿化带道路，并创建为组，如图 12-65 所示。

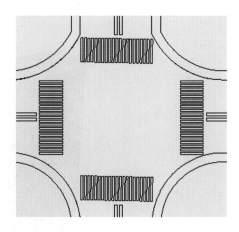

图 12-65 绘制绿化带道路

动手操练 —— 添加材质与组件

使用【颜料桶】工具　，弹出【材质】对话框，选中【使用纹理图像】复选框，选择【12-1.jpg】材质，如图 12-66 所示，赋予图形，如图 12-67 所示。

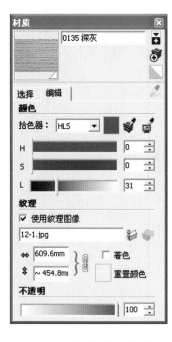

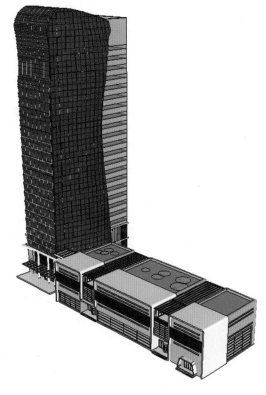

图 12-66 【材质】对话框

图 12-67 赋予建筑表面材质

使用【颜料桶】工具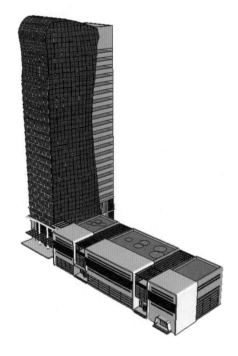，弹出【材质】对话框，选择【半透明材质】中的【灰色半透明玻璃】材质，赋予图形，如图 12-68 所示。

赋予其他细节构件材质，如图 12-69 所示。

图 12-68 赋予建筑玻璃材质 图 12-69 赋予其他细节构件材质

单击【窗口】|【组件】命令，弹出【组件】对话框，如图 12-70 所示，为场景添加组件，如图 12-71 所示。

图 12-70 【组件】对话框

图 12-71　添加组件

求生秘籍——专业知识精选

建筑立面图表示房屋外部形状和内容的图纸称为建筑立面图。建筑立面图为建筑外垂直面正投影可视部分。建筑各方向的立面应绘全，但差异小、不难推定的立面可省略。内部院落的局部立面，可在相关剖面图上表示，如剖面图未能表示完全的，须单独绘出。

动手操练——V-Ray 渲染设置

（1）玻璃材质的设置，在 SketchUp 的【材质】对话框中给它一个指定的贴图，然后设置贴图的大小和贴图的位置，并让材质的宽度符合常规的尺度和排布的方向。

使用 SketchUp【材质】对话框的【提取材质】工具，提取材质，V-Ray 材质面板会自动跳转到该材质的属性上，并选择该材质，然后单击鼠标右键在弹出的快捷菜单中单击【创建材质层】｜【反射】命令，如图 12-72 所示，并将【反射】值调整为 0.8，接着单击反射层后面的【m】按钮，并在弹出的对话框中选择【菲涅耳】模式，最后单击 OK 按钮 **OK** ，如图 12-73 所示。

图 12-72　【反射】命令

第
12
章

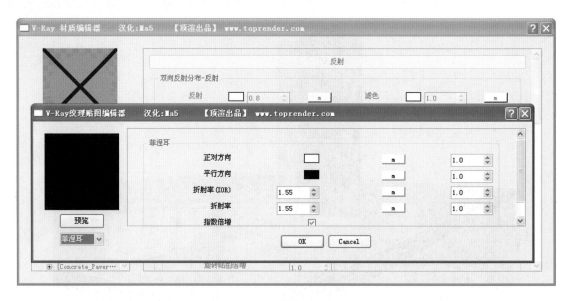

图 12-73 选择【菲涅耳】模式

（2）汽车金属材质的设置。用 SketchUp【材质】对话框的【提取材质】工具 ✎，提取材质，V-Ray 材质面板会自动跳转到该材质的属性上，并选择该材质，然后单击鼠标右键，在弹出的菜单中单击【创建材质层】|【反射】命令，汽车的烤漆的材质有一定的模糊反射的效果，所以要把【高光】的【光泽度】调整为 0.8，【反射】的【光泽度】调整为 0.85，接着单击反射层后面的【m】按钮，并在弹出的对话框中选择【菲涅耳】模式，将【折射率（IOR）】调整为 6，最后单击 OK 按钮 OK ，如图 12-74 所示。

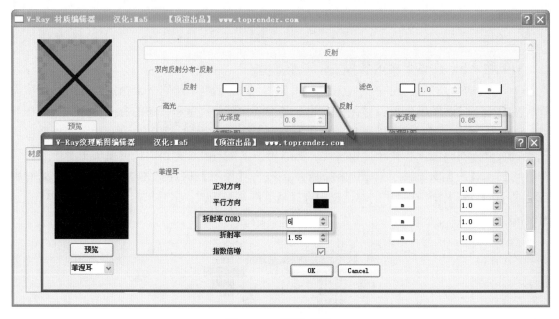

图 12-74 设置参数

打开 V-Ray 渲染设置面板，设置环境，如图 12-75 所示。
设置全局光颜色，如图 12-76 所示。

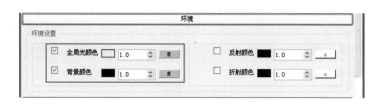

图 12-75　设置环境

图 12-76　设置全局光颜色

设置背景颜色，如图 12-77 所示。

图 12-77　设置背景颜色

将【图像采样器】中的【类型】设置为【自适应纯蒙特卡罗】，并将【最多细分】设置为 16，提高细节区域的采样，然后在【抗锯齿过滤】选项组中，选中【Catmull Rom】过滤器，如图 12-78 所示。

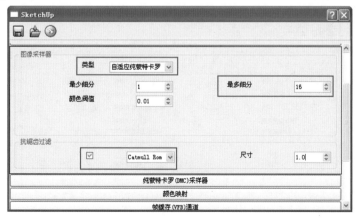

图 12-78　设置类型参数

进一步增大【纯蒙特卡罗采样器】的参数，主要增大了【噪点阀值】，使图面噪波进一步减小，如图 12-79 所示。

图 12-79 设置【纯蒙特卡罗采样器】参数

修改【发光贴图】选项卡中的数值，将其【最小比率】设置为 − 3，【最大比率】设置为 0，如图 12-80 所示。

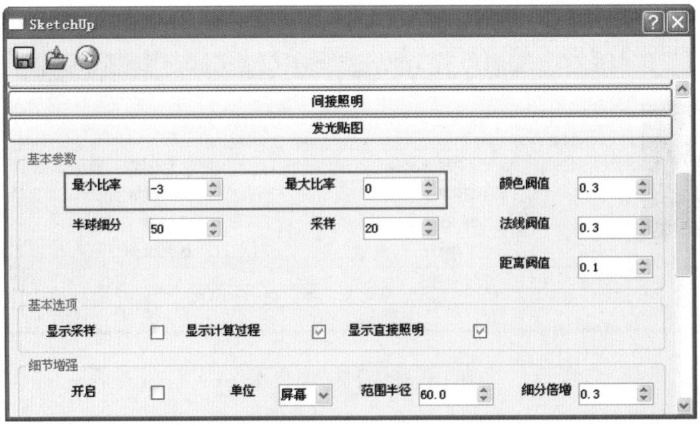

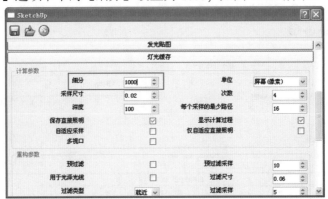

图 12-80 设置【发光贴图】参数

将【灯光缓存】选项卡中的【细分】设置为 1000，如图 12-81 所示。

图 12-81 灯光缓存参数设置

设置完成后就可以渲染了，如图 12-82 所示。

图 12-82 渲染效果

求生秘籍 —— 专业知识精选

建筑立面图包括：①建筑两端轴线编号。②女儿墙、檐口、柱、变形缝、室外楼梯和消防梯、阳台、栏杆、台阶、坡道、花台、雨篷、线条、烟囱、勒脚、门窗、洞口、门头、雨水管、其他装饰构件和粉刷分格线示意等。外墙留洞应注尺寸与标高（宽×高×深及关系尺寸）。③在平面图上表示不出的窗编号，应在立面图上标注。平、剖面图未能表示出来的屋顶、檐口、女儿墙、窗台等标高或高度，应在立面图上分别注明。④各部分构造、装饰节点详图索引，用料名称或符号。

动手操练 —— 图像的 Photoshop 后期处理

将渲染图和通道渲染图形导入到 Photoshop 软件中，如图 12-83 所示。

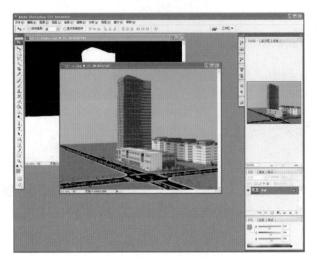

图 12-83 导入图形

　　将通道层添加到渲染图中，选择通道图形，使用【魔棒】工具 ✎，选择黑色部分，然后选择渲染图，将背景删除，如图 12-84 所示。

图 12-84 删除背景

添加天空背景及楼体树木，如图 12-85 所示。

图 12-85 添加背景

单击【滤镜】｜【渲染】｜【光照】命令，对图像进行光照效果处理，如图 12-86 所示。

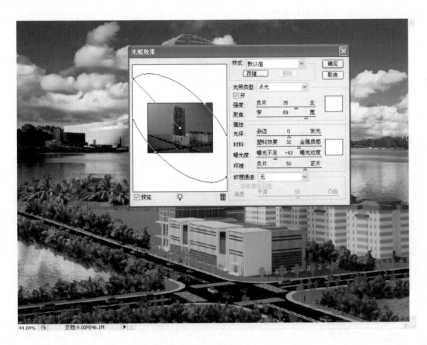

图 12-86 设置光照效果

将小区位置图片删除，添加新的小区图片，选中背景，单击【滤镜】｜【渲染】｜【镜头光晕】命令，对图像进行镜头光晕效果处理，如图 12-87 所示。

图 12-87 设置镜头光晕效果

第 12 章

完成图像处理后，将图像另存为 JPG 格式，如图 12-88 所示。

图 12-88 完成效果

求生秘籍——专业知识精选

建筑剖面图是表示建筑物垂直方向房屋各部分组成关系的图纸。

剖面设计图主要应表示出建筑各部分的高度、层数、建筑空间的组合利用，以及建筑剖面中的结构、构造关系、层次、做法等。

剖面图的剖视位置应选在层高不同、层数不同、内外部空间比较复杂、最有代表性的部分，主要包括以下内容：

①墙、柱、轴线、轴线编号。

②室外地面、底层地（楼）面、地坑、地沟、机座、各层楼板、吊顶、屋架、屋顶、出屋面烟囱、天窗、挡风板、消防梯、檐口、女儿墙、门、窗、吊车、吊车梁、走道板、梁、铁轨、楼梯、台阶、坡道、散水、平台、阳台、雨篷、洞口、墙裙、雨水管及其他装修等可见的内容。

③高度尺寸。外部尺寸：门、窗、洞口高度、总高度；内部尺寸：地坑深度、隔断、洞口、平台、吊顶等。

④标高。底层地面标高（±0.000），以上各层楼面、楼梯、平台标高、屋面板、屋面檐口、女儿墙顶、烟囱顶标高，高出屋面的水箱间、楼梯间、机房顶部标高，室外地面标高，底层以下的地下各层标高。

12.3 本章小结

通过本章的学习，想必用户已经对 SketchUp 辅助建筑方案设计及创建模型有了一个清晰的思路，运用 SketchUp 能做什么，该分为几步去做，怎样做得更好，这些都需要事先计划好。另外，如果用户保持一边看书一边进行建模的操作练习，一定会发现自己已经逐渐养成了一种较好的作图习惯，这也是本书所希望带来的效果，因为良好的作图习惯有助于保持设计思维的清晰和模型的有序管理，是提高工作效率的重要前提条件，而这一点是经常被忽略但却又十分重要的。

第 13 章
建筑效果设计实战应用（三）

本章导读

本章以一个公建综合体为例，用了较大篇幅介绍案例的设计理念，运用 SketchUp 搭建模型辅助方案设计分析，并将其运用到设计说明文本之中。这种分析方法和表达手段与传统的设计手法相比，能更加有效、直观地表达设计思维与理念。在方案分析阶段，SketchUp 充分发挥了其灵活性和直观性的优点，它将在未来的方案构思中受到设计师的普遍关注与应用。

案例流程概述：

首先创建场地，然后分功能体块创建公建群体模型，接着将 SketchUp 模型进行渲染，最后在 Photoshop 中进行后期处理。

	学习目标 知识点	了解	理解	应用	实践
学习要求	了解本案例建筑的设计理念	√	√	√	√
	熟练掌握运用 SketchUp 进行方案构思分析的方法	√	√	√	√
	巩固前面章节所学的知识	√	√	√	√
	熟练掌握 SketchUp 基本命令的操作	√	√	√	√

13.1 实战分析与设计图预览

知识链接：项目工程概况

本案例中的公建综合体，主要分为办公楼与餐饮城两大部分，地块位于某市中心交叉路口，规划拟打造一处重要的标志性节点，主体建筑主要满足各参建单位的商务办公功能需求，配套建设会议中心、餐饮城、大型停车场等附属服务设施。

知识链接：规划设计分析

1. 平面布局

本次规划以功能为主导，结合地形地貌及周边环境配套进行总体规划设计。通过对现状及周边环境进行分析，我们可以发现地块北面邻近某住宅区的大部分区域不宜布置单层面积超过 $625m^2$、建筑高度大于 85m 的大体量高层建筑，否则将影响住宅区的日照要求。此外，应将餐饮城布置于地块北侧，将有利于餐饮城商业氛围的形成。通过综合分析，办公写字楼应布置于地块南侧，餐饮城应布置于地块北侧，如图 13-1 和图 13-2 所示。

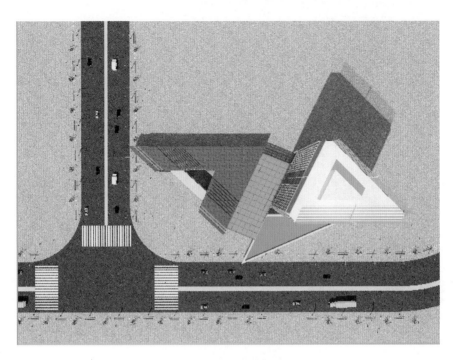

图 13-1　整体平面布局 1

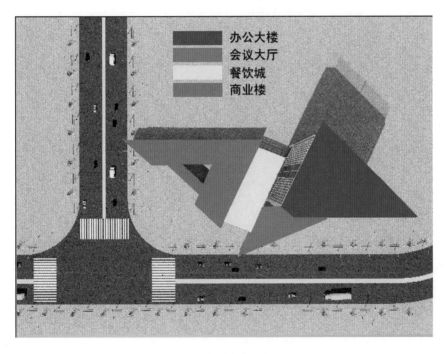

图 13-2　整体平面布局 2

2. 交通组织

　　场地四面临路，在场地正对路口设置建筑的主出入口，南北两侧各设置次出入口。场地内部交通主要以步行道路为主，消防车道围绕建筑布置，道路末端设置回车场地，地下车库出入口设置于西南侧。主要车行流线和步行流线如图 13-3 和图 13-4 所示。

图 13-3 主车流线图

图 13-4 主要步行流线图

知识链接： 建筑设计构思

　　建筑的每一层都设置工作休息空间，使用玻璃幕墙结构，营造办公空间的开阔视野，将餐饮城北置，与北侧住宅区一并形成连续的商业界面，避免办公入口将商业界面打断。

13.2 设计绘制过程

视频教程 ——光盘主界面 / 第 13 章

动手操练 ——导入 SketchUp 前的准备工作

单击【文件】|【导入】命令，如图 13-5 所示，导入文件名为"13-1.dwg"的文件，如图 13-6 所示。

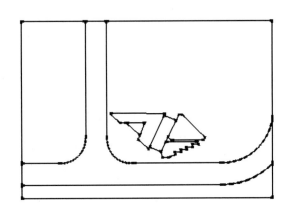

图 13-5 【导入】命令　　　　　图 13-6 导入的 CAD 图纸

求生秘籍 ——专业知识精选

建筑形态构成是一种人工创造的物质形态。建筑形态构成是在基本建筑形态构成的理论基础上探求建筑形态构成的特点和规律。为便于分析，把建筑形态同功能、技术、经济等因素分离开来，作为纯造型现象，抽象、分解为基本形态要素（点、线、面、体），探讨和研究其视觉特性和规律。

动手操练 —— 参照图纸位置创建场地模型绘制左侧配楼部分

配楼有 3 部分，使用【线条】工具，根据导入的 CAD 图纸绘制线条，并各自创建为组，如图 13-7 所示。

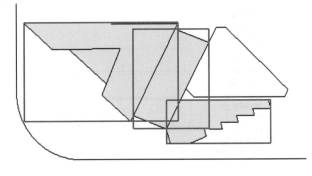

图 13-7 绘制轮廓并创建为组

首先绘制左侧类似于三角形状的配楼，将其余图形隐藏，双击进入组内部，使用【推/拉】工具，每一层推拉高度为4500mm，推拉出三层高度，如图13-8所示。

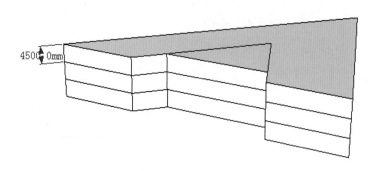

图 13-8 推拉模型

绘制较长一侧的窗户，使用【移动】工具，配合使用 <Ctrl> 键，移动复制线条，内部距离为450mm，外部距离为46798.6mm，绘制出窗户轮廓，如图13-9所示。

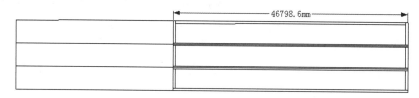

图 13-9 移动复制线条

选择底部横线条，单击鼠标右键，单击快捷菜单中的【拆分】命令，拆分为5段，如图13-10和图13-11所示。

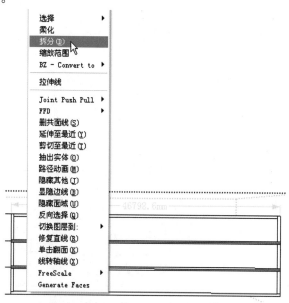

图 13-10 【拆分】命令

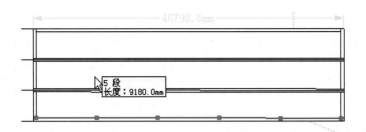

图 13-11 拆分为 5 段

使用【线条】工具 ✐，绘制线条；使用【移动】工具 ✣，配合使用 <Ctrl> 键，移动复制线条，距离中心线条为 225mm，绘制出窗户轮廓，如图 13-12 所示。

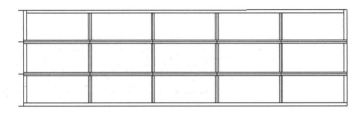

图 13-12 绘制窗户轮廓

使用【推 / 拉】工具 ⬆，向内推拉玻璃，位置距离为 545mm，完成窗户绘制，如图 13-13 所示。

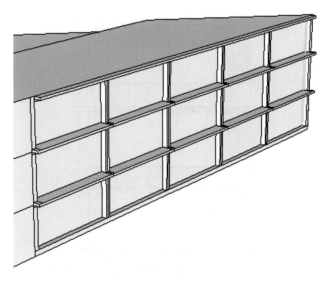

图 13-13 完成窗户绘制

使用【线条】工具 ✐，绘制线条；使用【圆】工具 ◯，绘制圆形；使用【推 / 拉】工具 ⬆，推拉出一定厚度，绘制驳接爪和龙骨，并创建为组，如图 13-14 所示。

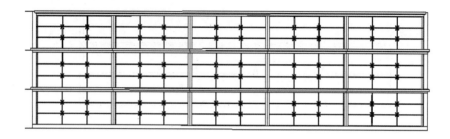

图 13-14 绘制驳接爪与龙骨

使用【移动】工具 ✤，配合使用 <Ctrl> 键，移动复制线条，移动距离为 9000mm，使用【推 / 拉】工具 ♨，向内推拉距离为 7000mm，绘制平台，如图 13-15 所示。

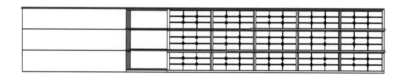

图 13-15 绘制平台

使用【线条】工具 ✐，绘制线条路径；使用【圆】工具 ⬤，绘制圆形截面；使用【跟随路径】工具 ⬤，选择路径，再选择矩形截面，绘制平台栏杆，并创建为组，如图 13-16 所示。

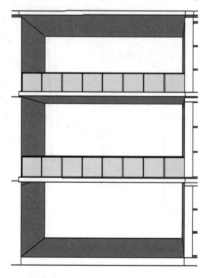

图 13-16 绘制平台栏杆

使用【移动】工具 ✤，配合使用 <Ctrl> 键，移动复制线条；使用【推 / 拉】工具 ♨，推拉出一定厚度，绘制一层台阶和门，如图 13-17 所示。

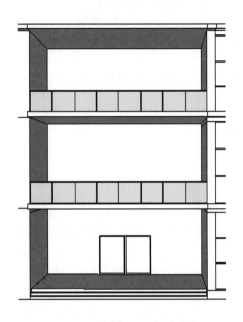

图 13-17　绘制一层台阶和门

使用【矩形】工具 ，绘制矩形；使用【偏移】工具 ，偏移窗户轮廓，偏移矩形；使用【推 / 拉】工具 ，推拉出一定厚度，绘制窗户，如图 13-18 所示。

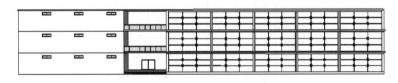

图 13-18　绘制窗户

使用【线条】工具 ，绘制线条；使用【推 / 拉】工具 ，推拉出一定厚度，绘制通道，如图 13-19 所示。

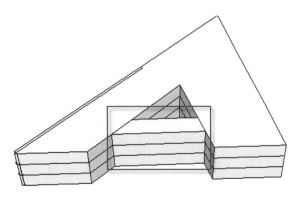

图 13-19　绘制通道

使用【移动】工具 , 配合使用 <Ctrl> 键, 移动复制线条; 使用【推 / 拉】工具 ,
推拉出一定厚度, 绘制通道玻璃部分与一层台阶, 如图 13-20 所示。

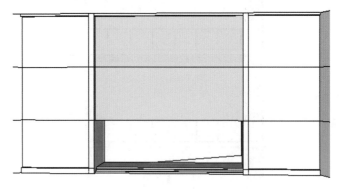

图 13-20 绘制玻璃部分与一层台阶

使用【线条】工具 , 绘制线条; 使用【移动】工具 , 配合使用 <Ctrl> 键, 移动
复制线条; 使用【推 / 拉】工具 , 推拉出一定厚度, 绘制出通道外部构件, 并创建为组,
如图 13-21 所示。

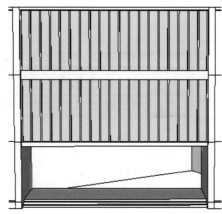

图 13-21 绘制通道外部构件

使用以上方法将通道里侧的通道、护栏, 窗绘制出来, 如图 13-22 所示。

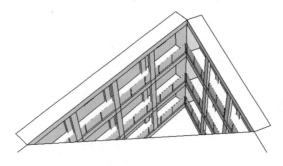

图 13-22 绘制通道、护栏、窗

使用【线条】工具 ✏，绘制线条；使用【移动】工具 ✥，配合使用 <Ctrl> 键，移动复制线条，使用【推 / 拉】工具 ⬆，推拉出一定厚度，绘制出建筑外部构件，并创建为组，如图 13-23 和图 13-24 所示。

图 13-23 绘制建筑顶部构件

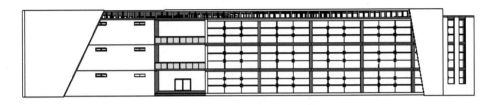

图 13-24 绘制建筑侧面构件

📚 **求生秘籍** —— 专业知识精选

建筑形态构成的要素主要有点、线、面、体。

点有一定形状和大小，如体与面上的点状物、顶点、线之交点、体棱之交点、制高点、区域之中心点等。点的不同组合排列方式产生不同的效果。点在构图中有积聚性、求心性、控制性、导向性等作用。

线分实存线和虚存线。实存线有位置、方向和一定宽度，但以长度为主要特征；虚存线指由视觉—心理意识到的线，如两点之间的虚线及其所暗示的垂直于此虚线的中轴线，点列所组成的线及结构轴线等。线在构图中有表明面与体的轮廓，使形象清晰，对面进行分割，改变其比例、限制、划分有通透感的空间等作用。

面分实存面和虚存面。实存面的特征是有一定厚度和形状，有规则几何图形和任意图形；虚存面是由视觉—心理意识到的面，如点的双向运动及线的重复所产生的面感。面在构图中有限定体的界限，以遮挡、渗透、穿插关系分割空间，以自身的比例划分产生良好的美学效果，以自身表面的色彩、质感处理产生视觉上的不同重量感等作用。面的空间限定感最强，是主要的空间限定因素。

体也有实体和虚体之分。实体有长、宽、高 3 个量度。从性质上分为线状体、面状体和块状体；从形状上分为有规则的几何体和不规则的自由体，各产生不同的视觉感受，如方向感、重量感、虚实感等。虚体（空间）自身不可见，由实体围合而成，具有形状、大小及方向感，因其限定方式不同而产生封闭、半封闭、开敞、通透、流通等不同的空间感受。

动手操练 —— 参照图纸位置创建场地模型绘制中间配楼部分

选择中间矩形，隐藏其他图形。双击进入组内部，使用【推／拉】工具 ，推拉高度为 12100mm，如图 13-25 所示。

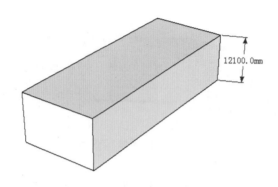

12100.0mm

图 13-25 拉伸矩形

使用【线条】工具 ，绘制线条；使用【移动】工具 ，配合使用 <Ctrl> 键，移动复制线条；使用【路径跟随】工具 ，创建建筑外框，并创建为组，如图 13-26 所示。

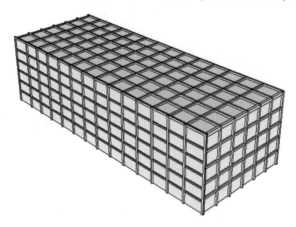

图 13-26 绘制建筑外框

求生秘籍 —— 专业知识精选

建筑形式是指建筑的内部空间和外部体形。外部体形是建筑内部空间的反映，建筑形成又取决于建筑功能的需要，因此，建筑形式与建筑功能有直接联系。建造房屋的目的是为了使用，即所谓建筑功能。使用功能不同可以产生不同的建筑空间，因此也就形成了各种各样的建筑形式，从这一观点来说，建筑功能决定了建筑形式。

动手操练 —— 参照图纸位置创建场地模型绘制右侧配楼部分

选择右侧图形，隐藏其他图形。双击进入组内部，使用【推／拉】工具 ，推拉高度为 4870mm，如图 13-27 所示。

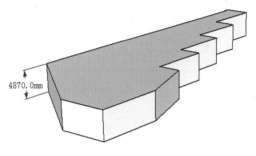

图 13-27 拉伸图形

使用【移动】工具 ，配合使用 <Ctrl> 键，向上移动复制地面边线，复制距离为 500mm，如图 13-28 所示。

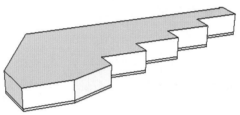

图 13-28 移动复制边线

使用【线条】工具 ，绘制线条；使用【移动】工具 ，配合使用 <Ctrl> 键，移动复制线条；使用【推 / 拉】工具 ，推拉出一定厚度，绘制出建筑顶部与窗户，如图 13-29 所示。

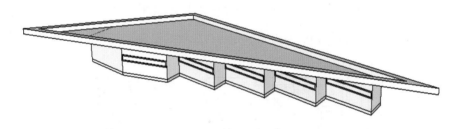

图 13-29 绘制建筑顶部与窗户

求生秘籍 —— 专业知识精选

　　独院式住宅指一幢住宅不与其他建筑相连，独立建造，并有独立的院子，这样的住宅称为独院式住宅。独院式住宅的特点是：环境好、干扰少；平面组合灵活；朝向、通风采光好；有自己的独立院落，可以组织家庭户外活动。一般独院式住宅标准比较高，房间比较多，层数在二至三层，也有些做地下或半地下室，用做车库、仓库等，底层一般为起居室、餐室、厨房和卫生间等用房，二层为卧室与卫生间，并有阳台、屋顶活动平台等。

第 13 章

动手操练 —— 参照图纸位置创建场地模型绘制主楼建筑

使用【线条】工具 ✏, 绘制线条描绘建筑地面轮廓; 使用【推 / 拉】工具 👆, 推拉高度为 78655mm, 绘制建筑主体, 并创建为组, 如图 13-30 所示。

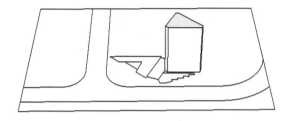

图 13-30 绘制建筑主体

使用【移动】工具 ✥, 配合使用 <Ctrl> 键, 向上移动复制地面边线, 复制距离为 500mm, 如图 13-31 所示。

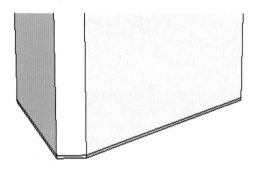

图 13-31 移动复制地面边线

使用【线条】工具 ✏, 绘制线条; 使用【移动】工具 ✥, 配合使用 <Ctrl> 键, 移动复制线条; 使用【推 / 拉】工具 👆, 推拉出一定厚度, 绘制出建筑外部构件, 如图 13-32 所示。

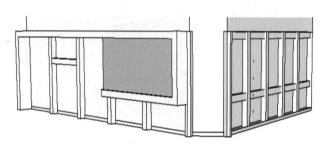

图 13-32 绘制出建筑外部构件

使用【线条】工具 ✏, 绘制线条; 使用【圆】工具 ⚫, 绘制圆形; 使用【推 / 拉】工具 👆, 推拉出一定厚度, 绘制驳接爪和龙骨, 并创建为组, 如图 13-33 所示。

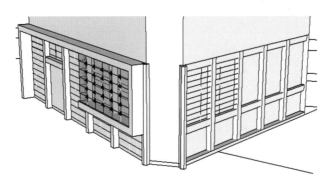

图 13-33　绘制驳接爪及龙骨

使用【线条】工具 ✐，绘制线条；使用【推 / 拉】工具 ⬆，推拉出一定厚度，绘制门和台阶，如图 13-34 所示。

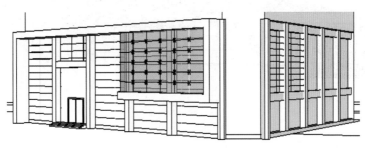

图 13-34　绘制门和台阶

使用【颜料桶】工具 🪣，弹出【材质】对话框，选择【半透明材质】中的【彩色半透明玻璃】，切换到【编辑】选项卡调节颜色，如图 13-35 所示。

将设置好的材质赋予模型，如图 13-36 所示。

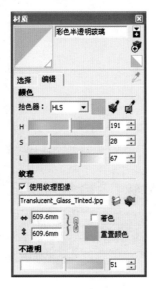

图 13-35　【材质】对话框

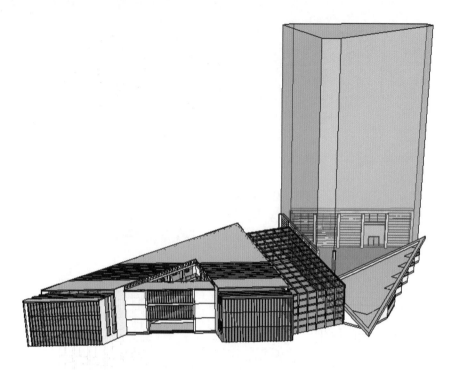

图 13-36 赋予模型材质

使用【线条】工具 ✐，绘制线条；使用【移动】工具 ✥，配合使用 <Ctrl> 键，移动复制线条；使用【推 / 拉】工具 ⬆，推拉出一定厚度，绘制出主楼外部建筑构件，如图 13-37 所示。

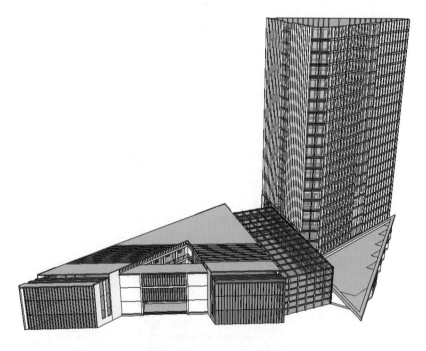

图 13-37 绘制主楼外部建筑构件

使用【线条】工具 ✏️，绘制线条；使用【移动】工具 ✥，配合使用 <Ctrl> 键，移动复制线条；使用【推 / 拉】工具 ⬆️，推拉出一定厚度，绘制出主楼顶部建筑构件，如图 13-38 所示。

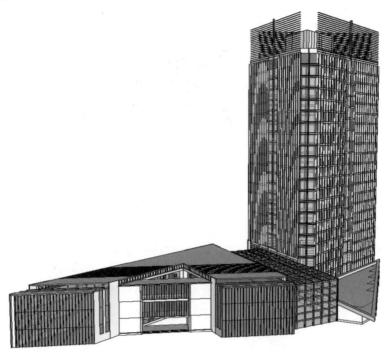

图 13-38 绘制主楼顶部建筑构件

求生秘籍 —— 专业知识精选

联排式住宅将独院式户型单元拼联增加到 3 户以上，各户间至少能共用两面山墙时，即为联排式住宅。联排式住宅一般设前后院子，如二层可以上下各为一户，分别设前后出入口，独立各用前后院。联排式住宅的单元拼联不宜过多，一般长度在 30m 左右为宜。联排式住宅可以有前后院、单向院和内院等 3 种。

动手操练 —— 绘制地形图

使用【线条】工具 ✏️，绘制线条；使用【圆弧】工具 ◠，绘制机动车道路，并创建为组，如图 13-39 所示。

使用【矩形】工具 ▢，绘制矩形；使用【圆弧】工具 ◠，绘制圆弧，绘制隔离带与斑马线，并创建为组，如图 13-40 所示。

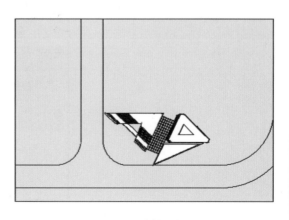

图 13-39 绘制机动车道路

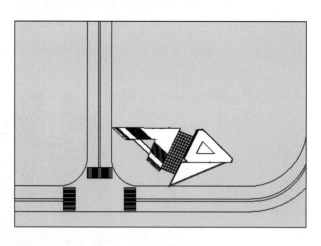

图 13-40 绘制隔离带与斑马线

求生秘籍 —— 专业知识精选

梯间式住宅是由楼梯平台直接进入分户门的单元式住宅。这种住宅一般一梯可以服务二至四户，其特点是平面布置紧凑，公共交通面积少，户间干扰少，但一梯服务多户难以保证每户都有良好的朝向，且服务的户数也受到限制。目前常用的梯间式住宅有一梯两户、一梯三户、一梯四户等形式。

动手操练 —— 添加材质与组件

使用【颜料桶】工具 ，弹出【材质】对话框，选择【金属】中的【金属钢纹理】贴图，赋予图形外部构件，如图 13-41 和图 13-42 所示。

使用【颜料桶】工具 ，弹出【材质】对话框，选择【沥青与混凝土】中的【新沥青】贴图赋予公路，再选择【烟雾效果骨料混凝土】贴图赋予地面，如图 13-43 所示。

使用【颜料桶】工具 ，弹出【材质】对话框，选择浅粉色，赋予图形，如图 13-44 所示。

图 13-41 【材质】对话框

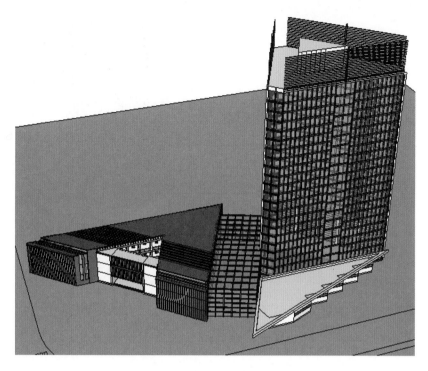

图 13-42 为外部构件赋予材质

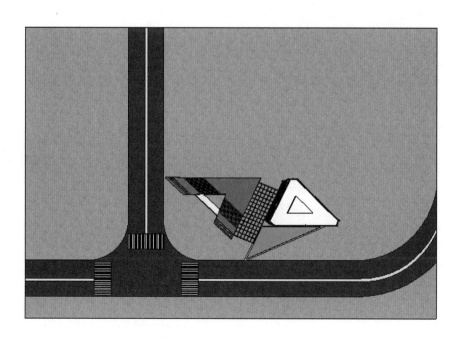

图 13-43 为地面赋予材质

　　单击【窗口】|【组件】命令，弹出【组件】对话框，为场景添加组件，如图 13-45 和图 13-46 所示。

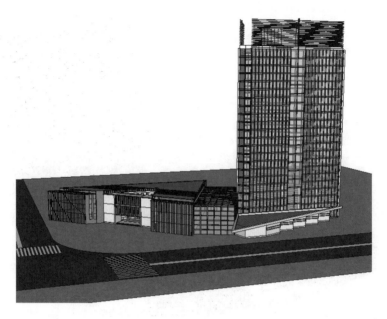

图 13-44 赋予图形颜色

图 13-45 【组件】对话框

图 13-46 添加组件

求生秘籍 —— 专业知识精选

　　点式住宅是几户围绕一个楼梯枢纽布置，四面均为外墙，可以采光、通风。其特点是建筑布局紧凑、集中；分户灵活，一般每户能获得两个朝向；建筑外形处理比较自由，建筑轮廓挺拔；可以丰富建筑群体；建筑占地小，便于因地制宜地在小块零星地插建。在风景区及主干道两侧，为避免建筑成片的单调感和视线遮挡，可以适当布置一些点式住宅，同时也丰富了街景。

动手操练—— *V-Ray 渲染设置*

（1）玻璃材质的设置。在 SketchUp 的【材质】对话框中给它一个指定的贴图，然后设置贴图的大小和贴图的位置，并让材质的宽度符合常规的尺度和排布的方向。

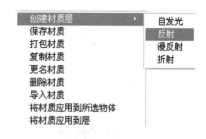

图 13-47 【反射】命令

使用 SketchUp【材质】对话框的【提取材质】工具，提取材质，V-Ray 材质面板会自动跳转到该材质的属性上，并选择该材质，然后单击鼠标右键，在弹出的快捷菜单中单击【创建材质层】｜【反射】命令，如图 13-47 所示，并将【反射】值调整为 0.8，接着单击反射层后面的【m】按钮，并在弹出的对话框中选择【菲涅耳】的模式，最后单击 OK 按钮 OK ，如图 13-48 所示。

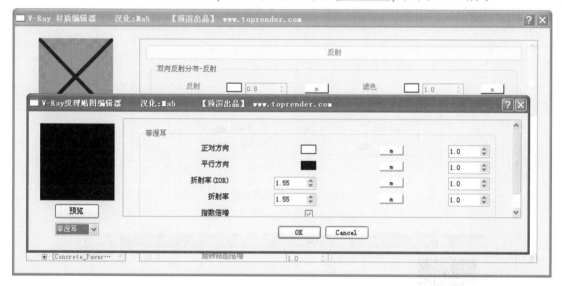

图 13-48 选择【菲涅耳】模式

（2）汽车金属材质的设置。使用 SketchUp【材质】对话框的【提取材质】工具，提取材质，V-Ray 材质面板会自动跳转到该材质的属性上，并选择该材质，然后单击鼠标右键，在弹出的菜单中单击【创建材质层】｜【反射】命令，汽车的烤漆的材质有一定的模糊反射的效果，所以要把【高光】的【光泽度】调整为 0.8，【反射】的【光泽度】调整为 0.85，接着单击反射层后面的【m】按钮，并在弹出的对话框中选择【菲涅耳】模式，将【折射率（IOR）】调整为 6，最后单击 OK 按钮 OK ，如图 13-49 所示。

打开 V-Ray 渲染设置面板，设置环境，如图 13-50 所示。

设置全局光颜色，如图 13-51 所示。

设置背景颜色，如图 13-52 所示。

将【图像采样器】选项组中的【类型】设置为自适应纯蒙特卡罗，并将【最多细分】设置为 16，提高细节区域的采样，然后在【抗锯齿过滤】选项组中，选中常用的【Catmull Rom】过滤器，如图 13-53 所示。

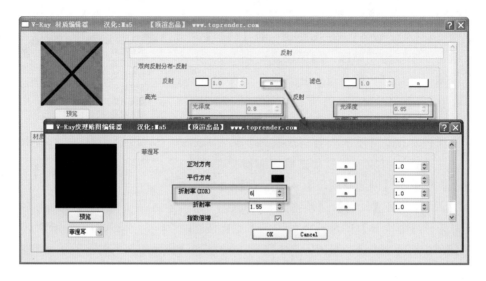

图 13-49 设置参数

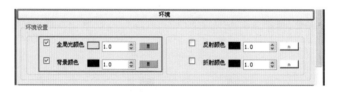

图 13-50 设置环境

图 13-51 设置全局光颜色

图 13-52 设置背景颜色

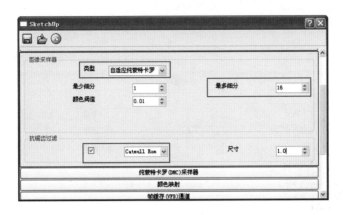

图 13-53　设置类型参数

进一步增大【纯蒙特卡罗采样器】的参数，【最少采样】设置为 12，使图面噪波进一步减小，如图 13-54 所示。

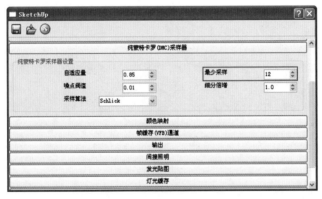

图 13-54　设置【纯蒙特卡罗采样器】参数

修改【发光贴图】选项卡中的数值，将其【最小比率】设置为 − 3，【最大比率】设置为 0，如图 13-55 所示。

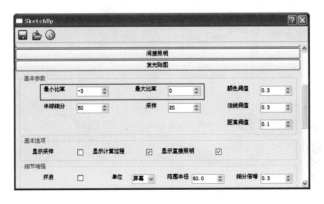

图 13-55　设置【发光贴图】参数

在【灯光缓存】选项卡中将【细分】设置为 1000，如图 13-56 所示。

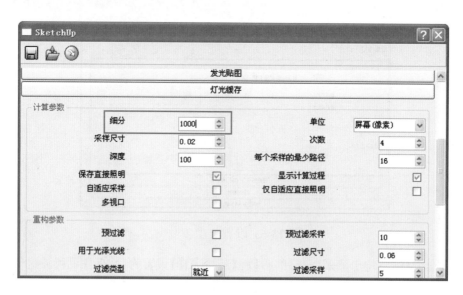

图 13-56 设置【灯光缓存】参数

设置完成后就可以渲染了。效果如图 13-57 所示。

图 13-57 渲染效果

📚**求生秘籍**——专业知识精选

台阶式住宅是指住宅楼在不同的层面上依次作退台处理，使之在形体上出现台阶状。台阶式住宅是近十余年国内外兴建较多的住宅类型之一。这主要是由于居住在楼层的居住者希望获得阳光、空气和绿地，希望有户外活动空间——露台。台阶式住宅设计中应注意如下问题：

① 在各层面作退台时，不能光考虑外部形态，而要与各套型空间相协调。

② 层层收退给建筑结构设计带来复杂性，要注意使结构合理。

③ 对于北方地区来讲，每个局部屋顶都要做好保温防水构造处理。

④ 层层收退，易造成户与户之间的视线干扰，设计时要作好遮蔽处理。

⑤ 层层收退，注意垂直交通的位置设置要合理。

⑥ 每户露台的尺寸确定要综合结构、经济的合理性来确定。

⑦ 设计中注意露台与住宅单元的不同组合，创造防尘、遮阳、视线干扰小的户外活动空间。

动手操练——图像的 Photoshop 后期处理

将渲染图和通道渲染图形导入到 Photoshop 软件中，如图 13-58 所示。

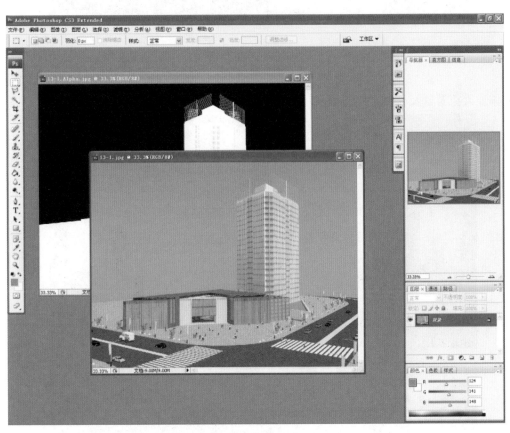

图 13-58 导入图形

　　将通道层添加到渲染图中，选择通道图形，使用【魔棒】工具 ✎ ，选择黑色部分，然后选择渲染图，将背景删除，如图 13-59 所示。

图 13-59 删除背景

　　添加天空背景及楼体树木，如图 13-60 所示。

图 13-60 添加背景

单击【滤镜】|【渲染】|【光照】命令，对图像进行光照效果处理，如图 13-61 所示。

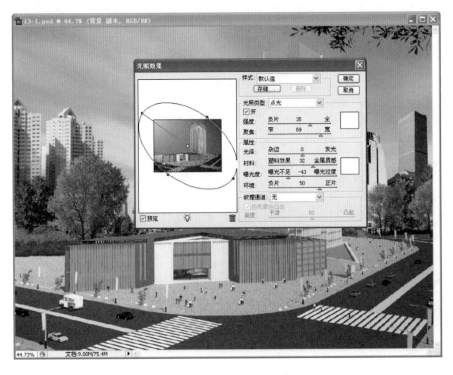

图 13-61 设置光照效果

使用【仿制图章】工具 ，修改背景图形。选中背景天空，单击【滤镜】|【渲染】|【镜头光晕】命令，对图像进行镜头光晕效果处理，如图 13-62 所示。

图 13-62 设置镜头光晕效果

完成图像处理后，将图像另存为 JPG 格式，如图 13-63 所示。

图 13-63 完成效果

求生秘籍 —— 专业知识精选

外廊式住宅是采用靠外墙的走廊来进入各户的住宅形式。外廊式住宅可分为长外廊和短外廊两种。长外廊式住宅一梯可以服务多户，分户明确，每户均有较好的朝向、采光和通风。其缺点是每户均须经过一个公共走廊进入住宅，因此对每户有视线和声响上的干扰。长外廊住宅在寒冷地区不易保温防寒，在南方地区使用较多。短外廊住宅是为了避免外廊的干扰，将外廊服务的户数减少，缩短外廊。一般短外廊一梯每层服务三至五户。

13.3 本章小结

通过本章的学习，用户可以发现在创建模型的过程中所用到的技巧并不是很多，而是频繁使用几个常用工具，如【直线】工具、【推 / 拉】工具和【移动】工具等。这些工具看起来非常简单，塑造的实体也以简单的几何形体为主，但是将众多简单的几何形体有机组合，便可以创建出复杂的建筑模型，换句话说，复杂的模型也是由无数简单的几何元素构成的。在创建的过程中，拥有建模的耐心、创造的热情和娴熟的操作是关键因素。一些所谓的技巧与捷径反而显得不那么重要了，希望用户可以明白常用基础命令的重要性，对基础命令的"熟练应用"才是硬道理。

附录　SketchUp 快捷命令

SketchUp 默认软件全局快捷方式及常用快捷表

菜单命令	快捷组合键	适用范围
SketchUp/ 上下文帮助	Shift+F1	全局
编辑 (E)/ 创建组件 (M)...	G	全局
编辑 (E)/ 复制 (C) ...	Ctrl+C	全局
编辑 (E)/ 还原 ...	Ctrl+Z	全局
编辑 (E)/ 剪切 (T)...	Ctrl+X	全局
编辑 (E)/ 全部不选 (N)...	Ctrl+T	全局
编辑 (E)/ 全选 (S)...	Ctrl+Shift+G	全局
编辑 (E)/ 删除 (D)...	Delete	全局
编辑 (E)/ 粘贴 (P)...	Ctrl+V	全局
编辑 (E)/ 重做 ...	Ctrl+Y	全局
工具 (T)/ 调整大小 (C) ...	S	全局
工具 (T)/ 卷尺 (M) ...	T	全局
工具 (T)/ 偏移 (O) ...	F	全局
工具 (T)/ 推 / 拉 (P) ...	P	全局
工具 (T)/ 橡皮擦 (E) ...	E	全局
工具 (T)/ 旋转 (T) ...	Q	全局
工具 (T)/ 选择 (S) ...	空格	全局
工具 (T)/ 颜料桶 (I) ...	B	全局
工具 (T)/ 移动 (V) ...	M	全局
绘图 (R)/ 矩形 (R) ...	R	全局
绘图 (R)/ 线条 (L) ...	L	全局
绘图 (R)/ 圆 (C) ...	C	全局
绘图 (R)/ 圆弧 (A) ...	A	全局

（续）

菜单命令	快捷组合键	适用范围
镜头 (C)/ 标准视图 (S)/ 等轴 (I)...	F8	全局
镜头 (C)/ 标准视图 (S)/ 底部 (O)...	F3	全局
镜头 (C)/ 标准视图 (S)/ 顶部 (T)...	F2	全局
镜头 (C)/ 标准视图 (S)/ 后 (B)...	F5	全局
镜头 (C)/ 标准视图 (S)/ 前 (F)...	F4	全局
镜头 (C)/ 标准视图 (S)/ 右 (R)...	F6	全局
镜头 (C)/ 标准视图 (S)/ 左 (L)...	F7	全局
镜头 (C)/ 冰屋图片 (I)...	I	全局
镜头 (C)/ 环绕观察 (O)...	O	全局
镜头 (C)/ 平移 (P)...	H	全局
镜头 (C)/ 缩放 (Z)...	Z	全局
镜头 (C)/ 缩放窗口 (W)...	Ctrl+Shift+W	全局
镜头 (C)/ 缩放范围 (E)...	Ctrl+Shift+E	全局
视图 (V)/ 边线样式 (D)/ 后边线 ...	Ctrl+Shift+N	全局
视图 (V)/ 动画 (N)/ 上一场景 (R)...	上页	全局
视图 (V)/ 动画 (N)/ 上一场景 (N)...	下页	全局
文件 (F)/ 保存 (S)...	Ctrl+S	全局
文件 (F)/ 打开 (O)...	Ctrl+O	全局
文件 (F)/ 打印 (P)...	Ctrl+P	全局
文件 (F)/ 新建 (N)...	Ctrl+N	全局

SketchUp 默认常用绘图快捷键

线条		L	矩形		R
圆弧		A	圆		C
擦除		E	选择		空格键
移动		M	颜料桶		B
拉伸		S	旋转		Q
偏移		F	推 / 拉		P
卷尺工具		T	环绕观察		O
平移		H